과학공화국 지구법정

7
화석과 공룡

과학공화국 지구법정 7
화석과 공룡

ⓒ 정완상, 2007

초판 1쇄 발행일 | 2007년 9월 25일
초판 15쇄 발행일 | 2021년 4월 28일

지은이 | 정완상
펴낸이 | 정은영
펴낸곳 | (주)자음과모음

출판등록 | 2001년 11월 28일 제2001-000259호
주소 | 04047 서울시 마포구 양화로6길 49
전화 | 편집부 (02)324-2347, 경영지원부 (02)325-6047
팩스 | 편집부 (02)324-2348, 경영지원부 (02)2648-1311
e-mail | jamoteen@jamobook.com

ISBN 978-89-544-1476-0 (04450)

과학공화국 지구법정

지구법정

7
화석과 공룡

정완상(국립 경상대학교 교수) 지음

㈜자음과모음

생활 속에서 배우는 기상천외한 과학 수업

지구과학과 법정, 이 두 가지는 전혀 어울리지 않은 소재들입니다. 그리고 여러분이 제일 어렵게 느끼는 말들이기도 하지요. 그럼에도 이 책의 제목에는 분명 '지구법정'이라는 말이 들어 있습니다. 그렇다고 이 책의 내용이 아주 어려울 거라고 생각하지는 마세요.

저는 법률과는 무관한 과학을 공부하는 사람입니다. 하지만 '법정'이라고 제목을 붙인 데는 이유가 있습니다.

이 책은 우리의 생활 속에서 일어나는 여러 가지 재미있는 사건을 다루고 있습니다. 그리고 과학적인 원리를 이용해 사건들을 차근차근 해결해 나간답니다. 그런데 크고 작은 사건들의 옳고 그름을 판단하기 위한 무대가 필요했습니다. 바로 그 무대로 법정이 생겨나게 되었답니다.

왜 하필 법정이냐고요? 요즘에는 〈솔로몬의 선택〉을 비롯하여 생활 속에서 일어나는 사건들을 법률을 통해 재미있게 풀어 보는 텔레비전 프로그램들이 많습니다. 그런데 그 프로그램들이 재미없다고 느껴지지는 않을 것입니다. 사건에 등장하는 인물들이 우스꽝스럽고, 사건을 해결하는 과정도 흥미진진하기 때문입니다. 〈솔로몬의 선택〉이 법률 상식을 쉽고 재미있게 얘기하듯이, 이 책은 여러분의 지구과학 공부를 쉽고 재미있게 해 줄 것입니다.

여러분은 이 책을 읽고 나서 자신의 달라진 모습에 놀라게 될 것입니다. 과학에 대한 두려움이 싹 가시고, 새로운 문제에 대해 과학적인 호기심을 보이게 될 테니까요. 물론 여러분의 과학 성적도 쑥쑥 올라가겠죠.

끝으로 이 책을 내도록 용기와 격려를 준 (주)자음과모음의 강병철 사장님과 모든 식구들에게 감사를 드리며 스토리 작업에 참가해 주말도 없이 함께 일해 준 과학 창작 동아리 'SCICOM'의 식구들에게 감사를 드립니다.

진주에서

정완상

목차

이 책을 읽기 전에 생활 속에서 배우는 기상천외한 과학 수업 4
프롤로그 지구법정의 탄생 8

제1장 화석에 관한 사건 11

지구법정 1 화석①- 인간 미라가 화석인가요?
지구법정 2 화석②- 분화석
지구법정 3 화석③- 나비 화석
지구법정 4 실러캔스- 살아 있는 화석도 있나요?
지구법정 5 공룡 화석- 공룡의 피부
과학성적 끌어올리기

제2장 공룡에 관한 사건 73

지구법정 6 공룡①-공룡과 파충류
지구법정 7 공룡②-공룡도 두 발로 걷나요?
지구법정 8 공룡③-공룡과 체체파리
지구법정 9 공룡의 위석-공룡 화석과 돌멩이
지구법정 10 공룡의 멸종-폭식가 공룡?
지구법정 11 티라노사우루스①- 티라노사우루스와의 팔씨름
지구법정 12 티라노사우루스②- 티라노사우루스와 죽은 고기
지구법정 13 공룡의 속도- 공룡이 느림보라고요?
지구법정 14 공룡의 활동 시간- 영화 〈공룡의 대습격〉
지구법정 15 악어와 공룡- 악어가 공룡인가요?
과학성적 끌어올리기

어쓰 변호사

제3장 **지질 시대에 관한 사건** 191

지구법정 16 신생대 – 신생대는 왜 1기와 2기가 없죠?

지구법정 17 화석과 지질 연대 – 삼엽충 화석과 공룡 화석 지대의 땅값

지구법정 18 호박 화석 – 호박 보석 속에 벌레가?

지구법정 19 조류와 파충류 – 조류의 조상이 파충류인가요?

지구법정 20 화석과 지층 – 화석으로 오래된 지층 알아내기

지구법정 21 지질 연대 – 마을의 나이

지구법정 22 달의 기원 – 달은 언제부터 있었나요?

지구법정 23 지구의 나이 – 지구는 몇 살이죠?

과학성적 끌어올리기

에필로그 지구과학과 친해지세요 295

지구법정의 탄생

'과학공화국'이라고 부르는 나라가 있었다. 이 나라에는 과학을 좋아하는 사람이 모여 살았다. 인근에는 음악을 사랑하는 사람들이 살고 있는 뮤지오왕국과 미술을 사랑하는 사람들이 사는 아티오왕국 그리고 공업을 장려하는 공업공화국 등 여러 나라가 있었다.

과학공화국에 사는 사람들은 다른 나라 사람들에 비해 과학을 좋아했다. 어떤 사람은 물리를 좋아했고, 또 다른 사람은 수학을 좋아했다. 그리고 지구과학을 좋아하는 사람도 있었다.

지구과학은 사람들이 살고 있는 행성인 지구의 신비를 연구하는 학문이다. 그러나 과학공화국의 명성에 맞지 않게 국민들은 과학 분야 중에서도 유독 지구과학만은 잘하지 못했다. 그리하여 지구과학 시험을 치르면 과학공화국 아이들보다 오히려 지리공화국 아이들의 점수가 더 높게 나올 정도였다.

특히 최근에는 인터넷이 공화국 전역에 급속히 퍼지면서 게임에

중독된 과학공화국 아이들의 과학 실력이 기준 이하로 떨어졌다. 그러다 보니 자연 과학 과외나 학원이 성행하게 되었고, 그런 와중에 아이들에게 엉터리 과학을 가르치는 무자격 교사들도 우후죽순 나타나기 시작했다.

지구에서 살다 보면 지구과학과 관련한 여러 가지 문제에 부딪히게 되는데, 과학공화국 국민들의 지구과학에 대한 이해가 떨어져 곳곳에서 이로 인한 분쟁이 끊이지 않았다. 그리하여 과학공화국의 박과학 대통령은 장관들과 이 문제를 논의하기 위해 회의를 열었다.

"최근 들어 잦아진 지구과학 분쟁을 어떻게 처리하면 좋겠소?"

대통령이 힘없이 말을 꺼냈다.

"헌법에 지구과학 부분을 좀 추가하면 어떨까요?"

법무부 장관이 자신 있게 말했다.

"좀 약하지 않을까?"

대통령이 못마땅한 듯이 대답했다.

"그럼 지구과학 문제만을 전문적으로 다루는 새로운 법정을 만들면 어떨까요?"

지구부 장관이 말했다.

"바로 그거야. 과학공화국답게 그런 법정이 있어야지. 그래! 지구법정을 만들면 되는 거야. 그리고 그 법정에서 다룬 판례들을 신문에 게재하면 사람들이 더 이상 다투지 않고 자신의 잘못을 인정할 수 있을 거야."

대통령은 입을 환하게 벌리고 흡족해했다.

"그럼 국회에서 새로운 지구과학법을 만들어야 되지 않습니까?"

법무부 장관이 약간 불만족스러운 듯한 표정으로 말했다.

"지구과학은 우리가 사는 지구와 태양계의 주변 행성에서 일어나는 자연현상입니다. 따라서 누가 관찰하든 같은 현상에 대해서는 같은 해석이 나오는 것이 지구과학입니다. 그러므로 지구과학 법정에서는 새로운 법을 만들 필요가 없습니다. 혹시 다른 은하에 대한 재판이라면 모를까……."

지구부 장관이 법무부 장관의 말을 반박했다.

"그래 맞아."

대통령은 지구법정을 건립하기로 결정하였고, 이렇게 해서 과학 공화국에는 지구과학과 관련된 문제를 판결하는 지구법정이 만들어졌다. 초대 지구법정의 판사는 지구과학에 대한 책을 많이 쓴 지구짱 박사가 맡게 되었다. 그리고 두 명의 변호사를 선발했는데, 한 사람은 지구과학과를 졸업했지만 지구과학에 대해 잘 알지 못하는 '지치'라는 이름을 가진 40대였고, 다른 한 변호사는 어릴 때부터 지구과학 경시 대회에서 항상 대상을 놓치지 않았던 지구과학 천재 '어쓰'였다. 이렇게 해서 과학공화국 사람들 사이에서 벌어지는 지구과학과 관련된 많은 사건들을 지구법정의 판결을 통해 깨끗하게 해결할 수 있었다.

제1장

화석에 관한 사건

화석① – 인간 미라가 화석인가요?

화석② – 분화석

화석③ – 나비 화석

실러캔스 – 살아 있는 화석도 있나요?

공룡 화석 – 공룡의 피부

인간 미라가 화석인가요?

피라미드 안에서 발견한 미라는 왜 화석이 될 수 없을까요?

"똘똘아, 우리 똘똘이가 좋아하는 시원해 아이스크림 사 올 테니까 할머니 말씀 잘 듣고 있어."

"정말? 그럼 내가 시간 잴 테니까 1분 만에 갔다 와야 돼."

"으응? 그럼, 그럼. 우리 똘똘이, 엄마 아빠 없다고 울거나 그러면 안 돼. 할머니께 떼쓰지도 말고."

"그럼 시원해 아이스크림 100개 사 올 거야?"

"그럼, 엄마 아빠 금방 갔다 올게."

똘똘이 부모님은 맞벌이 부부였는데, 똘똘이를 돌볼 시간이 없어 피라미드 마을에 사는 똘똘이 할머니에게 잠시 맡기기로 했다. 아무것도 모르고 부모님이 아이스크림을 사러 간 줄로만 안 똘똘이는 날이 어두워지자 불안해지기 시작했다.

"할머니, 엄마 아빠 왜 안 와?"

"요 녀석 봐라. 누가 할머니한테 반말하래? 다음부터 할머니한테 반말하면 국물도 없을 줄 알아."

"쳇, 그러면 내가 겁먹을 줄 알고? 메롱! 하나도 안 무섭지롱."

똘똘이는 밤이 깊어 가는 줄도 모르고 마루에 앉아 부모님이 오기만을 기다렸다.

"밤새도록 기다려 봐라, 요 녀석아. 네 엄마 아빠 도망가서 안 오니까 어서 들어와서 잠이나 자."

"아니야, 시원해 아이스크림 사 온다고 그랬단 말이야. 난 쭈글쭈글한 할머니 말 안 믿어."

"지금 11시니까, 좀 있으면 도깨비 나올 시간이네. 도깨비한테 물려 가든지 말든지 이 할미는 상관 안 할 테니까 알아서 해. 그냥 거기 있든지."

도깨비가 나온다는 말에 잔뜩 겁먹은 똘똘이는 재빨리 할머니 방으로 들어왔다.

"할머니, 이게 무슨 냄새야?"

"독가스다, 이놈아. 내 방귀나 먹어라."

할머니는 자신의 엉덩이로 손을 가져가 공기를 움켜잡은 뒤 똘똘이의 코 앞으로 손을 펼쳤다. 그렇게 똘똘이와 할머니는 티격태격하면서 잠들었다. 그런데 한밤중에 갑자기 오줌이 마려워진 똘똘이가 할머니를 깨우기 시작했다.

"할머니, 할머니, 좀 일어나 봐. 나 화장실 가고 싶단 말이야."

"왜 이러세요? 빈이 씨…… 쿨쿨……."

할머니가 전혀 일어날 기미를 보이지 않자 똘똘이는 할머니의 코털 한 가닥을 잡아당겼고 그제야 할머니는 번쩍 놀라면서 잠에서 깼다.

"이놈의 자식이, 지금 딱 좋았는데…… 왜 이 할미의 로맨스를 방해하고 그려."

"할머니, 나 화장실 가고 싶어."

할머니는 똘똘이를 데리고 화장실로 향했다. 그러나 재래식 화장실을 처음 접해 본 똘똘이가 얌전히 있을 리 없었다. 똘똘이는 화장실에 들어가자마자 바로 뛰쳐나왔다.

"웩웩…… 저 밑에 있는 똥들 다 할머니 거야? 도대체 뭘 먹었기에 냄새가 저렇게 고약해?"

"잔말 말고 어서 싸고 나와!"

똘똘이는 들어갔다가 뛰쳐나오기를 몇 번 반복한 뒤에야 볼일을 무사히 마칠 수 있었다.

다음 날, 저녁 식사를 마친 할머니는 똘똘이를 일찍 재우고 약방 할멈 집으로 고스톱을 치러 갈 생각을 하고 있었다.

"빨리 불 끄고 자자."

"할머니 나 재우고 어디 가려고 그래? 나도 갈래. 혼자 있으면 도깨비 나온단 말이야."

"가긴 어딜 가? 일찍 자는 게 노화 방지에 좋다 그래서 막 자려던 참인데. 어서 자자."

할머니는 똘똘이가 잠들 때까지 기다리면서 옆에서 자는 척했고, 똘똘이가 잠들자 옷을 챙겨 입고 문을 나섰다. 그때 똘똘이가 울면서 뛰쳐나왔다.

"앙앙, 할머니, 배신이야, 배신. 나도 데려가."

"이놈의 애물단지. 옷 따뜻하게 챙겨 입고 나와."

그렇게 똘똘이와 할머니는 함께 약방 할멈 집으로 향했고, 길가에 세워진 피라미드를 생전 처음 본 똘똘이가 호기심 어린 눈빛으로 할머니에게 물었다.

"할머니, 저건 대체 뭐야?"

"피라미드도 몰라? 무식한 녀석."

"되게 잘난 척하네. 할머니, 근데 피라미드가 뭐 하는 건데?"

"자세한 건 이 할미한테 묻지 마. 다쳐!"

"그럼 그렇지. 어쩐지 잘난 척한다 했어. 근데 할머니, 저 안에 들어가 본 적 있어?"

"큰일 날 소리! 저 피라미드 속엔 무시무시한 유령들이 바글바글 하대."

"진짜? 그럼 할머니도 유령 본 적 있어?"

"이 할미는 본 적이 없지만, 하늘에 있는 네 할아비는 유령을 본 적이 있지."

"우아, 끔찍해. 그래서 할아버지는 어떻게 했는데? 유령이랑 싸웠어?"

"소심한 네 할아비가 유령이랑 싸울 리가 있겠니? 걸음아 나 살려라 도망치느라 신발도 다 잃어버렸는데."

그러던 어느 날 세계적인 고고학자 김용감 씨가 마을에 나타났고, 그가 피라미드 안으로 들어간다는 소문이 퍼졌다. 이 말을 들은 마을 사람들은 고고학자에게 피라미드 안으로 들어가지 말라고 설득했다. 하지만 김용감 씨는 그런 마을 사람들의 충고를 무시하고, 온 마을 사람들이 지켜보는 가운데 용감하게 피라미드 안으로 들어갔다.

"젊은 사람이 왜 자기 무덤을 파는지 모르겠네."

"그러게 말이야. 정신이 나간 게 틀림없대도. 딱 내 스타일인데…… 인물이 아깝다, 아까워."

그러나 마을 사람들의 걱정을 뒤로한 채 피라미드 안으로 들어간 고고학자는 뜻밖에 그곳에서 인간 미라를 발견했고, 미라 사진과 함께 인간 화석이 발견됐다는 기사가 잡지에 실렸다. 그러나 이 잡지를 본 한 독자는 인간 미라가 화석이라는 말에 이상한 생각이 들어 바로 잡지사에 전화를 걸었다.

"귀사에서 발행한 잡지를 보다가 이상한 생각이 들어서 전화 드렸는데요, 인간 미라가 어떻게 화석이죠?"

"네, 인간 미라 화석을 발견한 김용감 씨는 세계적으로 유명한 고고학자입니다. 그분 말씀이 잘못됐을 리 없으니 아무 말 마세요."

"뭐? 유명하면 다야? 인간 미라는 화석이 아니래도."

"그렇게 잘났으면 직접 기사를 쓰든지요."

"이 사람이! 도저히 안 되겠구먼. 당신들, 지구법정에 고소해서 미라는 화석이 아니라는 사실을 밝혀내겠어."

화석은 지질 시대에 살았던 생물이나 생물의 흔적이
지층 사이에 남아 있는 것을 통칭하는 말로 인간 미라는
역사 시대에 만들어진 것이므로 화석이 아닙니다.

인간 미라는 화석일까요?
지구법정에서 알아봅시다.

 재판을 시작하겠습니다. 얼마 전 인간 미
라가 화석이라는 기사가 났는데요, 저도
처음 듣는 얘기라 의아했는데 오늘 이 사
건을 다루게 되었군요. 인간 미라가 왜 화석이라고 주장한 건
지 피고 측 변론하십시오.

미라는 주검에서 수분을 다 제거하거나 꽁꽁 언 상태에서 진
흙 속에 묻혀 분해성 세균이 증식되지 못해 만들어진 것입니
다. 미라는 당시의 모습을 그대로 유지하기 때문에 그 사람의
나이, 골격, 얼굴 등을 알 수 있으며 당시의 시대를 대변하므
로 역사적으로 아주 중요한 자료입니다. 무엇보다 화석과 미
라는 생물의 유해 일부 또는 전체가 흔적이나 형태를 남겨 그
시대의 환경을 알려 준다는 점에서 일맥상통하기 때문에 미
라도 분명 화석입니다.

 피고 측에 따르면 미라가 오래전 환경이나 역사적 자료가 되
므로 화석으로 볼 수 있다는 주장인데요, 원고 측 주장은 어
떻습니까? 인간 미라가 화석이 될 수 없는 특별한 이유라도
있나요? 원고 측 변론하세요.

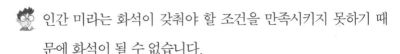 인간 미라는 화석이 갖춰야 할 조건을 만족시키지 못하기 때문에 화석이 될 수 없습니다.

화석으로서 갖춰야 할 조건이 대체 뭡니까?

화석의 정의와 화석이 되기 위해 갖춰야 할 조건은 뭔지, 인간 미라가 화석이 되지 못하는 이유는 뭔지 등 화석에 대해 구체적으로 설명해 주실 증인을 요청합니다. 증인은 국제 화석 연구 단지의 강미라 박사님입니다.

증인 요청을 받아들이겠습니다.

긴 생머리를 흩날리며 법정으로 들어선 40대 후반 의 여성이 목걸이와 팔찌, 반지 등 모두 고대 액세서 리를 온몸에 두르고 증인석에 앉았다.

화석이란 무엇입니까?

화석이란 지질 시대에 생존한 고생물의 유체, 유해 및 흔적 등이 퇴적물에 매몰된 채로 지상에 보존된 모든 것을 말합니다.

고생물의 유해나 흔적은 모두 화석이라고 볼 수 있습니까?

반드시 그렇지는 않습니다. 화석이 될 수 있는 조건이 있는데, 일단 지질 시대에 생존했어야 하고 단단한 부분이 있어 오랜 시간이 지나도록 사라지지 않고 남아 있어야 합니다. 또한 생물의 개체 수가 많고, 공기 중에 덜 노출돼야 화석이 될

확률이 높아집니다.

 그럼 인간 미라는 화석이 맞나요?

결론부터 말씀 드리면 인간 미라는 화석이라고 볼 수 없습니다. 지구의 역사는 크게 두 부분으로 나눌 수 있는데, 일만 년 전을 기준으로 그 이전을 '지질 시대' 그 이후를 '역사 시대'라고 합니다. 화석은 지질 시대에 살았던 생물이나 생물의 흔적이 지층 사이에 남아 있는 것을 통칭하는 말로 인간 미라는 역사 시대에 만들어진 것이므로 화석이 아닙니다. 빙하 시대부터 오늘날까지 매우 오랜 기간 동안 시베리아 북부 지방 같이 추운 곳에서 발견된 매머드의 경우, 몸이 완전히 보존되어 있을 뿐 아니라 살점도 생생하게 보존되어 있으며 지질 시대에 생성됐기 때문에 화석이라고 할 수 있습니다.

화석의 정의나 조건에 잘 맞아야 화석이 될 수 있는 거군요. 이 인간 미라가 화석이 될 수 없는 이유에는 또 어떤 것들이 있나요?

이 인간 미라는 화석처럼 땅속에 매몰되지도 않았고 화석화 작용을 받지도 않았습니다. 더구나 이 미라는 시체를 보존하기 위해 인공적으로 만든 것이며 떼죽음을 당해 만들어진 화석과는 달리 단독으로 죽은 시체를 보관한 것에 불과합니다.

그러면 미라는 모두 화석이 될 수 없습니까?

미라 중에서도 지질 시대에 만들어진 것은 화석으로 볼 수 있습니다. 미라가 만들어질 때 천연 방부제 역할을 하는 것으로 얼음, 건조한 공기, 수지나 천연 아스팔트 등이 있으며, 빙하나 툰드라 같은 것은 자연 냉장고 역할을 하여 동물의 육질 부분까지 부패를 방지할 수 있습니다. 이로 인해 중생대의 공룡이나 신생대의 포유류들이 사막에서 미라로 발견되며 호박 속의 곤충 화석은 북유럽 등지의 신생대 지층에서 발견되기도 합니다. 인간 미라로 유명한 이집트는 고온 건조한 지역이어서 화석이 만들어지기에 아주 불리한 조건입니다. 그래서 인공 방부제를 이용하여 미라를 만듭니다.

 인간 미라가 화석이 되지 못하는 이유가 한두 가지가 아니군요. 인간 미라를 화석이라고 말한 고고학자는 정말 큰 실수를 했습니다. 잡지사에 그 기사를 삭제해 줄 것을 요청합니다.

 인간 미라는 화석의 조건에 맞지 않으므로 화석으로 인정할 수 없습니다. 더 많은 사람들이 잘못된 정보를 접하기 전에 하루 빨리 기사를 삭제하십시오. 그리고 다음 호에 사과의 글과 함께 미라가 화석이 아닌 이유에 대한 기사를 올리십시오. 과학 연구를 할 때는 객관적이고 정확한 조사를 하고, 철저한 검토를 거쳐 발표해야 할 것입니다. 이상으로 판결을 마치겠습니다.

판결 후, 잘못된 기사를 쓴 김용감 씨는 인간 미라가 화석이 될

수 없는 이유에 대한 기사를 다시 작성해 실었다. 또한 지난번 기사는 오보였음을 인정하고, 독자들에게 사과했다. 김용감 씨는 이번 사건을 통해 자신이 유명한 고고학자라면서 자만했던 스스로를 반성했다.

 표준 화석

어느 일정한 지층에서 산출되어 그 지층의 지질 연대를 나타내는 화석을 표준 화석이라고 한다. 생존 기간이 짧고 급격히 진화하여 넓은 지역에 걸쳐 많이 발견될 때, 표준 화석으로서의 가치가 있다.

분화석

물렁물렁한 변도 화석이 될 수 있을까요?

"교수님 또 안 오신다."

"그러게, 벌써 15분이나 지났는데."

"아침 수업이라 빨리 챙겨서 나왔는데. 뭐야, 이거."

"교수님 안 되겠네~."

잠시 후 수염이 덥수룩하고 희끗희끗한 머리가 헝클어진 지질학 교수 김우엉 씨가 들어오자, 시끌벅적하던 강의실이 일순간에 조용해졌다.

"여러분, 미안합니다. 오늘 좀 늦었네요. 시간이 없으니까 출석은 생략하고, 바로 수업 시작합시다."

'뭐야, 이럴 줄 알았으면 수업 안 들어오는 건데.'

왕관 대학교 지질학 교수 김우엉 씨는 지지리도 게으른 사람이었다. 면도를 하는 건지 안 하는 건지 헷갈릴 만큼 항상 덥수룩한 수염이 지저분하게 얼굴을 덮고 있었고, 머리카락도 항상 헝클어져 있었다. 거기다 아침 수업 때는 어김없이 지각하는 습관이 있어서 김우엉 교수에 대한 학생들의 불만이 이만저만이 아니었다.

"5분 남았다. 빨리 가자."

"오르막길이어서 힘든데 좀만 천천히 가자. 어차피 김 교수님 항상 늦게 들어오잖아. 아마 오늘도 아직 안 왔을걸."

"맞다. 어차피 빨리 가면 우리만 손해지."

그때 한 친구가 옆 친구를 툭 치면서 옆을 보라는 눈짓을 했다. 김우엉 교수가 양말도 신지 않고 샌들을 구겨 신은 채 자전거를 타고, 끙끙거리면서 오르막길을 오르고 있던 것이었다. 어느새 김우엉 교수가 두 친구를 앞질러 가기 시작했고, 두 친구도 서둘러 강의실로 향했다.

"오늘은 지각한 사람이 좀 많네요. 아니면 결석인가?"

강의실 안은 술렁거리기 시작했다.

"수업에 들어온 사람들에게 최소한의 예의를 지키려면 출석 체크 정도는 해 줘야겠죠?"

"뭐야? 출석 체크를 한다고?"

"우아, 진짜 뻔뻔하다. 자기는 만날 지각하면서, 뭐? 최소한의 예의? 교수님이나 최소한의 예의 좀 제발 지키라지."

이렇게 뻔뻔한 김우엉 교수의 행동에 학생들의 불만은 점점 더 커져만 갔고, 어느덧 시험 기간이 다가왔다.

"다들 시험공부는 열심히 하고 있겠죠? 이번에 빼먹은 강의 시간이 유독 많은데 시험은 방학 후 돌아오는 월요일에 보면 어떨까요?"

"네, 그렇게 해요."

왕관 대학교의 여름 방학은 이미 시작됐지만, 지질학과 학생들은 방학 내내 시험공부에 허덕여야만 했다. 어느새 여름 방학도 다 끝나고 시험 날이 돌아왔다. 전공과목인 만큼 모두들 열심히 준비를 마치고 강의실에 앉아 시험 시작종을 기다렸다.

그런데 10분이 지나고 20분이 지나도 김우엉 교수는 들어올 기미가 보이지 않았다. 천성이 게으른 사람이라 조금만 기다리면 들어오겠지 하고 생각했던 학생들도 점차 시간이 흐르자 이상한 생각이 들기 시작했다. 결국 과대표가 교수님을 데려오겠다며 연구실로 내려갔지만, 얼마 뒤 혼자서 돌아왔다.

"왜 혼자 와?"

"교수님 방은 불이 꺼져 있고, 문도 잠겨 있어. 지나가던 사람이 얘기하는 거 얼핏 들으니까 답사 가셨다는데, 확실히 모르겠어."

이 말에 학생들은 모두 황당하다며 경악을 금치 못했다.

"안 되겠다. 조교한테 다녀올게."

잠시 후 조교한테 다녀온 과대표는 또다시 황당한 표정을 지으면서 강의실로 들어왔다.

"조교가 교수님한테 전화하니까 답사 가 계신 게 맞대. 보니까 시험 문제도 교수님이 전화로 불러 주고 조교가 받아 적고, 그러는 것 같던데?"

"뭐야, 그럼 시험 날인 줄도 모르고 있었단 말이야?"

"오 마이 갓!"

이 일로 인해 김우엉 교수에 대한 학생들의 신뢰도는 바닥을 치다 못해 땅을 뚫고 지하로 내려갔다.

그 시간 김우엉 교수는 학생들과 시험을 치르기로 한 사실을 까마득히 잊은 채 싸가지 없어 마을로 답사를 갔다. 김우엉 교수는 개인 자가용이 없었기 때문에 택시를 타기로 마음먹었다.

"얼마죠?"

"10만 원이요."

"네? 겨우 30분 탔는데 10만 원이라니요? 아저씨 정말 너무한 거 아니에요?"

"너무하다니요? 여긴 촌이라서 할증 붙어서 그런 거예요. 다른 택시 탔으면 20만 원도 넘었을걸요. 나니까 양심적으로 10만 원만 받는 거지. 운 좋은 줄이나 알아요."

어쩔 수 없이 택시비로 10만 원을 지불한 김우엉 교수는 그냥 똥 밟았다고 생각하기로 하고 다시 목적지로 향했다.

"저기 할머니, 여기 퇴적암 지대로 가려면 어떻게 가야 하죠?"

"이봐, 내가 할머니로 보여? 이래 봬도 이 마을에선 나도 영계라고. 그건 그렇고, 거기 간다고? 오른쪽으로 쭉 가면 갈림길이 나와. 그 갈림길에서 왼쪽을 따라 가다 보면 샛길이 하나 나오는데 그쪽으로 쭉 올라가면 돼."

할머니는 자신을 할머니라고 부른 김우엉 교수에게 화가 나서 엉터리 길을 가르쳐 주었고, 김우엉 교수는 한참을 헤매다가 다시 다른 사람에게 길을 물었다.

"꼬마야, 여기 퇴적암 지대로 가려면 어떻게 가야 하니?"

"아저씨, 내가 꼬마로 보여요? 나도 이제 어른이라고요. 어린애 취급하는 거 정말 지겹다고요."

"아, 미안 내가 숙녀를 못 알아봤네. 그건 그렇고…… 혹시 길 아니?"

"왼쪽으로 가다가 세 갈림길이 나오면 가운데 길을 따라 쭉 가세요. 가다 보면 양 갈림길이 나오는데 거기서 오른쪽으로 쭉 가면 돼요."

자신을 꼬마라고 부른 것에 화가 난 꼬마는 김우엉 교수에게 엉터리 길을 가르쳐 주었고, 김우엉 교수는 길을 찾느라 진땀을 빼고 있었다. 그러던 중 갑자기 화장실이 급해졌고, 마을 사람들에게 화장실 좀 빌려 달라고 부탁했다. 그러나 인심이 고약한 마을 사람들은 하나같이 김우엉 교수의 부탁을 거절했고, 어쩔 수 없다고 판단한 김우엉 교수는 깊은 산속으로 들어가 급한 볼일을 보게 됐다.

그런데 갑자기 김우엉 교수의 눈에 신기하게 생긴 돌멩이가 들어왔다. 똥 모양으로 생긴 돌멩이었는데, 김우엉 교수는 이것이 분화석이라고 생각했다. 김우엉 교수는 곧바로 학계로 달려가 이것이 분화석이라고 보고했지만, 학계에서는 개똥 같은 소리라며 그의 주장을 비웃었다. 김우엉 교수는 그것이 분화석이라는 사실을 끝까지 증명하겠다며 논문까지 써서, 학술지에 게재하려 했지만, 학계에서는 지질학계에 똥칠이나 하지 말라며 방해 공작을 펴서 김우엉 교수의 계획은 결국 무산되고 말았다. 이에 화가 난 김우엉 교수는 분화석의 진위 여부를 가리기 위해서 이 문제를 지구법정에 의뢰했다.

분화석을 통해 얻을 수 있는 정보는 뼈 화석으로는 알 수 없는 과거 환경에서의 먹이 관계에 대한 분명한 정보를 알려 줍니다.

분화석이 정말 존재할까요?

지구법정에서 알아봅시다.

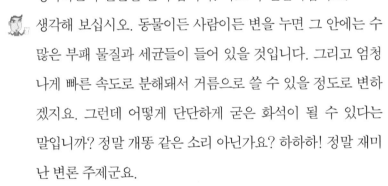

재판을 시작하겠습니다. 분화석이 존재한
다니 정말 재미있군요. 분화석의 존재를
주장하는 원고에 대해 피고 측은 어떻게
생각하는지 변론을 들어 봅시다. 피고 측 변론하십시오.

생각해 보십시오. 동물이든 사람이든 변을 누면 그 안에는 수
많은 부패 물질과 세균들이 들어 있을 것입니다. 그리고 엄청
나게 빠른 속도로 분해돼서 거름으로 쓸 수 있을 정도로 변하
겠지요. 그런데 어떻게 단단하게 굳은 화석이 될 수 있다는
말입니까? 정말 개똥 같은 소리 아닌가요? 하하하! 정말 재미
난 변론 주제군요.

만일 분화석이 존재하지 않는다면 원고가 산에서 가져온 변
모양의 단단한 돌은 대체 뭡니까?

변 모양을 닮은 돌이든지 아니면 여러 물질들이 섞여 단단하
게 굳은 어떤 물질이 아닐까요? 아무튼 변이 화석이 된다는
말은 하늘에서 별 따기보다 더 황당한 소리입니다.

현실적으로 이 분화석이 정확히 어떤 동물의 변인지 확인하
는 것은 어렵습니다. 하지만 분화석은 실제로 존재하고 있으

며 많은 정보를 주는 중요한 자료입니다.

🧑 분화석이 실제로 존재한다면 어느 동물의 분화석일 확률이 높습니까?

🧑 가장 잘 알려진 것은 공룡의 분화석입니다. 분화석에 대한 자세한 설명을 듣기 위해 강힘조 박사님을 증인으로 요청합니다.

🧑 증인 요청을 받아들이겠습니다. 증인은 앞으로 나오십시오.

몸이 왜소하고 키가 작은 50대 초반으로 보이는 남성이 어른 주먹 세 개만 한 크기의 묵직하고 검은빛이 도는 울퉁불퉁한 돌멩이 같은 것을 두 손에 들고 들어왔다.

🧑 분화석에 대한 연구를 하고 계시다고 들었습니다. 분화석이란 정확히 무엇을 말합니까?

🧑 분화석이란 동물, 특히 공룡의 배설물인 대변이 화석이 된 것을 말합니다. 많은 경우 분화석은 공룡의 대변에 아주 작은 광물의 알갱이가 서서히 스며들면서 암석처럼 단단히 굳어져서 생긴 것입니다. 그래서 공룡의 대변은 거의 처음과 같은 모양을 유지하게 됩니다.

🧑 분화석으로 무엇을 확인할 수 있습니까?

🧑 공룡 화석이 많이 발견되는 곳에서 함께 드러난 배설물 화석

이 공룡 배설물 화석이라고 추측되고 있으며, 배설물의 성분을 분석함으로써 그 공룡이 육식 공룡인지 초식 공룡인지 구분할 수 있습니다. 육식 공룡일 경우 배설물에서 뼈의 성분인 인(P)이 발견될 확률이 높고, 초식 공룡일 경우 식물의 줄기 흔적 등이 발견되고 있습니다.

 다른 특징들이 더 있습니까?

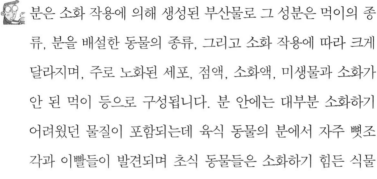 분은 소화 작용에 의해 생성된 부산물로 그 성분은 먹이의 종류, 분을 배설한 동물의 종류, 그리고 소화 작용에 따라 크게 달라지며, 주로 노화된 세포, 점액, 소화액, 미생물과 소화가 안 된 먹이 등으로 구성됩니다. 분 안에는 대부분 소화하기 어려웠던 물질이 포함되는데 육식 동물의 분에서 자주 뼛조각과 이빨들이 발견되며 초식 동물들은 소화하기 힘든 식물의 셀룰로오스를 배출합니다.

 변의 성분을 검사하면 동물들이 무엇을 먹었는지 확실히 알 수 있겠군요.

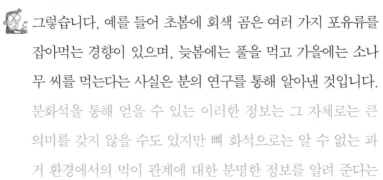 그렇습니다, 예를 들어 초봄에 회색 곰은 여러 가지 포유류를 잡아먹는 경향이 있으며, 늦봄에는 풀을 먹고 가을에는 소나무 씨를 먹는다는 사실은 분의 연구를 통해 알아낸 것입니다. 분화석을 통해 얻을 수 있는 이러한 정보는 그 자체로는 큰 의미를 갖지 않을 수도 있지만 뼈 화석으로는 알 수 없는 과거 환경에서의 먹이 관계에 대한 분명한 정보를 알려 준다는

장점이 있습니다.

 분화석을 분석함으로써 뼈 화석 못지않게 중요한 정보를 얻을 수 있다는 것을 알았습니다. 원고가 찾아낸 분화석을 산중에 굴러다니는 돌덩이쯤으로 여기면서 무시한 학계의 다른 박사님들께서는 반성해야 합니다. 하마터면 자료로서 중요한 가치가 있는 분화석이 아무도 모르게 버려질 뻔했다고 생각하니 아찔하군요. 원고가 찾아낸 분화석은 박물관에 보관해야 할 것입니다.

 분화석이 실제로 존재하고 성분 분석을 통해 중요한 정보를 많이 얻을 수 있다니 이 분화석을 잘 보관하십시오. 박사님들도 앞으로는 크든 작든 지구학회의 발전을 위해 다른 박사님들의 연구에 관심을 기울여 주시기 바랍니다. 화석 연구에 도움이 될 만한 좋은 화석을 찾아 재판의 결과가 만족스럽습니다. 이상으로 재판을 마치겠습니다.

흔적 화석

흔적 화석은 생물이 살아가면서 남긴 흔적에 관한 모든 화석을 말한다. 과학자들은 흔적 화석을 통해 그 당시 생물들의 생활 모습이나 활동 습성 등을 밝혀낸다.

재판이 끝난 뒤, 분화석이 있다는 것을 밝힌 김우엉 교수는 그 즉시 학교로 돌아와 학생들에게 이 사실을 알렸다. 평소 김우엉 교수에게 불만이 많던 학생들도 김우엉 교수가 그런 화석을 발견했다는 것을 높게 평가하며 그동안의 불만들은 다 잊어 주기로 했다.

나비 화석

부서지기 쉽고 단백질이 많은 나비도 화석으로 남을 수 있을까요?

사건 속으로

김혹시 씨는 의심이 많은 사람이었다. 그래서 그의
가족은 그를 의심쟁이라고 불렀다.

"딩동, 딩동!"

"의심쟁이 아버지, 다녀오셨습니까?"

"허허! 녀석도 참. 우리 공주님은 오늘 즐거운 하루 보냈어요?"

"당연하죠. 의심쟁이의 공주님은 방과 후에 친구들이랑 놀이터
모래벌판에서 하루 종일 놀았어요."

"그랬어? 그럼 우리 공주님, 집에 들어와서 깨끗이 씻었겠지?"

"당연하죠."

"진짜 씻었어?"

"또 의심하신다, 또!"

"의심이 아니고 아빠는 우리 공주님의 청결을 위해서 그러는 거지. 어디 보자……."

그러더니 김혹시 씨는 혹시나 하는 마음에 딸의 발을 들어 발 냄새를 맡아 보았다.

"합격!"

"에이, 아빠도…… 딸을 못 믿고 숙녀 발 냄새나 맡고."

"요 녀석이! 하하하! 아빠 옷 갈아입고 올 테니까 오랜만에 우리 가족 다 같이 외식하러 가자."

"앗싸, 뽕뽕!"

김혹시 씨 가족은 외식 준비를 마치고 즐겁게 집을 나섰다.

"뭐 먹을까?"

"당신은 뭐 먹고 싶은 거 없어?"

"난 특별히 없는데…… 우리 공주님은 뭐 먹고 싶어?"

"음…… 참, 어제 내 친구가 샤브샤브 먹었다던데. 나도 샤브샤브가 뭔가 그거 한번 먹어 보고 싶어."

"아이고, 우리 딸 샤브샤브가 먹고 싶었어? 그럼 진작 말을 하지. 우리 딸이 사 달라는 건 아빠가 다 사 줄 수 있는데."

그렇게 김혹시 씨 가족은 샤브샤브를 먹으러 갔다. 샤브샤브에 들어가는 야채가 나왔을 때, 김혹시 씨는 이 야채들이 싱싱한 것인지 의심이 가기 시작했다.

'저 야채들 오래된 거 아니야? 아니야, 그보다도 농약을 듬뿍 쳤는지도 모르지. 게다가 제대로 안 씻었다면?'

이런 생각이 떠오르자 김혹시 씨의 얼굴이 점점 일그러졌고, 그의 표정을 본 아내는 그가 지금 한창 의심 중이란 걸 눈치 챘다.

"당신, 또 뭘 그렇게 의심 중이에요?"

"아니, 야채 말이야…… 잠깐만."

김혹시 씨는 야채가 담긴 접시를 통째로 들고 화장실로 향했다.

"여보, 어디 가는 거예요? 여보!"

화장실로 간 김혹시 씨는 10분 정도 흐르는 물에 야채를 빡빡 씻은 후 다시 가족들이 있는 테이블로 돌아왔다.

"당신 때문에 정말 못살아."

"나도 못살아, 아빠."

"다 우리 가족의 건강을 위해서 그러는 거야. 자, 그럼 먹을까? 근데 난 한 번도 샤브샤브를 먹어 본 적이 없어서 어떻게 먹는 건지 잘 모르겠는데?"

"당신은 만날 회식만 하면서 샤브샤브도 한 번 안 먹어 봤어? 야채랑 고기랑 저 항아리에 넣어서 익힌 다음에 건져 먹으면 되는 거야."

"확실해?"

"지금 또 나 못 믿는 거야?"

"그게 아니라…… 그냥 종업원 불러서 물어보자. 그리고 자기야, 난 당신을 믿어. 저기요, 저기요!"

"네, 손님. 부르셨어요?"

"네, 저희가 샤브샤브를 처음 먹어 보는데 어떻게 먹어야 할지 잘 몰라서요."

"아, 그러시구나. 여기 끓는 물에 야채랑 고기를 넣어서 익힌 다음에 건져 먹으면 되는 거예요. 다 드시고 나면 칼국수도 넣어서 드시고요. 나중에 밥도 비벼 드려요."

"아, 고맙습니다. 우아, 우리 마누라 똑똑한데?"

"됐어. 벌써 삐졌어."

이처럼 김혹시 씨는 어딜 가나 항상 의심하기에 바빴고, 이로 인해 가족들이 겪는 심적 부담은 클 수밖에 없었다.

그러던 어느 날 저녁, 온 집안 구석구석을 뒤지던 김혹시 씨가 아내에게 물었다.

"자기, 나 예전에 입던 서커스 양복 어쨌어? 저번에 어디서 본 것 같은데 아무리 찾아도 없네."

"서커스 양복? 그건 또 왜?"

"회사에서 이번에 장기 자랑하는데 우리 부서에서 내가 나가기로 됐거든. 이참에 서커스나 한번 해 보려고."

"당신이 그런 걸 왜 해? 그리고 그 서커스 양복 벌써 옛날에 버렸어."

"뭐? 정말 버린 거 맞아? 내가 지난번에 분명히 어디서 봤단 말이야. 당신 내가 서커스 하는 게 싫어서 지금 일부러 없다 그러는 거지? 그러지 말고 좀 찾아 줘라. 응?"

"나 참, 또 생사람 잡네. 정말로 버렸다니까."

"계속 이렇게 나온다 이거지? 맞아, 창고에서 본 것 같은데…… 찾아서 나오기만 해 봐라."

김혹시 씨는 또다시 아내를 의심하면서 창고로 들어가 서커스 양복을 찾기 시작했다.

'분명히 여기 있었어. 근데 여기 못 보던 물건이 많네. 다 누구 거지? 전에 살던 사람 건가?'

김혹시 씨는 서커스 양복을 찾느라 이곳저곳을 뒤지다 우연히 나비가 들어 있는 화석을 발견했다.

'어, 이게 뭐지? 나비가 들어간 화석이잖아. 팔면 돈깨나 나오겠는데. 심봤다!'

이런 생각이 든 김혹시 씨는 다음 날 화석 판매상에게 나비 화석을 들고 갔다.

"나비가 들어 있는 화석이니까 돈깨나 나오겠죠?"

"에이…… 손님, 이건 5만 원 정도밖에 안 나갈걸요."

"진짜요?"

집으로 돌아온 김혹시 씨는 또다시 화석 판매상에 대한 의심을 품기 시작했고, 그에 대한 의심으로 김혹시 씨의 머릿속은 하루 종일 복잡했다.

　'그래, 그 판매상이 분명히 사기 치고 있는 게 틀림없어. 나비가 들어간 화석인데 겨우 5만 원이라고? 좋아, 공짜 좋아하는 대머리 판매상, 너 딱 걸렸어. 지구법정에 의뢰해서 5만 원은커녕 50만 원은 족히 나간다는 사실을 꼭 밝혀내고 말겠어.'

나비 화석은 화석이 되기 어려운 만큼 희소성이 높을 뿐 아니라,
나비의 생김새나 특징 등을 알아내는 데 유용한 자료로 쓰입니다.

여기는 지구법정

나비 화석의 가치는 얼마나 될까요?
지구법정에서 알아봅시다.

🎩 재판을 시작하겠습니다. 나비는 화석으로
발견되기가 쉽지 않을 것 같은데 화석 판
매상에 의한 나비 화석의 가치는 매우 낮
은 것 같군요. 나비 화석의 가치가 어느 정도인지 알아보도록
하겠습니다. 피고 측 변론을 들어 보도록 하지요.

🕵 화석이라면 적어도 공룡 정도는 돼야 가격이 좀 나갑니다. 공
룡은 크기도 매우 크고 이 동물에 대한 학자들의 관심도 아주
커서 인기가 많은 동물입니다. 하지만 나비는 그렇게 대단한
곤충이 아닙니다. 공룡처럼 현재 존재하지 않는 신비한 생명체
도 아니고 크기도 손바닥보다 작아서 굳이 원고가 가져온 나비
화석의 가치를 책정한다면 5만 원 정도가 알맞겠군요.

🎩 나비 화석을 통해서 알 수 있는 정보는 없습니까? 나비 화석
을 통해 나비가 생성된 당시의 정보를 알 수 있다면 가치는
더 높아지지 않을까요?

🕵 글쎄요, 작은 나비 화석에서 대단한 정보를 얻을 수 있을지는
잘 모르겠네요. 하하하!

🎩 피고 측 변호사의 생각만 말하지 말고 객관적인 변론을 해 주

세요. 피고 측은 나비 화석의 가치가 아주 낮다고 하시네요. 이에 대한 원고 측의 변론을 들어 보도록 하겠습니다.

 화석이란 말 그대로 오래전의 생물체가 유해나 흔적으로 남겨진 것을 말합니다. 화석이 되기 위해서는 엄청난 시간이 걸리지만 우리는 여러 화석을 통해 지질 시대의 많은 정보와 자료를 얻을 수 있습니다. 나비 화석은 지질 시대에도 나비가 존재했다거나 나비의 생김새나 특징이 어땠는지를 말해 주는 귀중한 자료입니다. 나비는 특히 화석으로 남겨지기가 어려운 곤충이라 이 화석의 가치는 엄청납니다. **나비 화석의 가치가 어느 정도인지 곤충과학 박물관의 박날아 소장님을 증인으로 모셔서 말씀 듣겠습니다.**

 증인 요청을 허락합니다. 증인은 증인석으로 나오십시오.

아름다운 화장과 화려한 머리 스타일을 한 40대 후반의 여성이 파티에 어울리는 레이스 의상을 입고 도도한 자태를 뽐내며 증인석으로 나왔다.

 참으로 아름다우십니다. 예쁜 나비를 연상케 하는군요. 나비가 언제부터 존재했는지 알 수 있을까요?

 나비가 언제부터 존재했는지 알기 위해서는 나비가 처음 생겨났을 당시의 나비에 대한 기록이 남아 있어야 합니다. 간혹

운이 좋아 나비 화석이 발견되기도 하지만 그 수가 아주 적어 지질 시대의 나비에 대해 알아내기란 쉽지 않습니다. 단지 현화식물과 나비가 서로 수정하는 관계라는 것을 감안해 둘 사이의 상관관계처럼 평행하게 진화되어 왔다고 추측할 수 있습니다. 다만 현화식물의 가장 오래된 화석은 백악기 후반, 즉 약 9,000만 년 전의 것으로 이미 그 당시에 여러 가지 현화식물의 과나 속이 번성하고 있었으므로 현화식물의 기원은 그보다 훨씬 이전으로 보고 있습니다. 만약 현화식물과 나비가 같은 시대에 발생해 진화돼 왔다면 나비도 1억 5천만 년에서 2억 년 전 사이에 생겨났을 거라고 추측할 수 있습니다. 그렇게 보면 나비의 기원은 삼첩기이며, 포유류의 기원과 같은 시기로 볼 수 있습니다.

 나비가 화석으로 많이 남았다면 나비에 대한 정보를 좀 더 쉽게 알 수 있었을 텐데…… 나비는 왜 화석이 되기가 힘들까요?

 화석이 되기 위한 몇 가지 조건이 있습니다. 생물체 내에 뼈처럼 단단한 부분이 있어 화석 작용에 견딜 수 있어야 합니다. 또한 생물체의 사체가 짧은 시간 내에 땅에 묻혀서 풍화 작용에 덜 노출되고 부식이 덜 되는 환경일 때 화석이 될 가능성도 커집니다. 하지만 나비는 몸이 부서지기 쉽고 단백질 성분이 많아, 죽으면 쉽게 분해되기 때문에 화석으로 남게 되

는 일이 드뭅니다.

 화석으로 남겨지기 힘든 나비가 운 좋게 화석이 되었다면 그
가치는 상당히 높겠군요?

 나비 화석의 가치는 아주 높습니다. 화석이 되기 어려운 만큼
희소성의 가치가 높을 뿐 아니라, 나비의 생김새나 특징 등을
알아내는 데 유용한 자료로 쓰이기 때문에 나비 연구에 굉장
한 도움이 될 것입니다. 현재 미국 콜로라도주에 위치한 플로
리상포실베드 국립기념물관에 소장되어 있는 나비 화석은 그
형태가 굉장히 선명하게 보존되어 있습니다.

 귀한 나비 화석을 몰라보고 5만 원의 가치로 판단한 화석 판
매상은 큰 실수를 했습니다. 원고의 나비 화석은 국립박물관
에 전시해 보존돼야 할 매우 귀한 화석이라고 판단됩니다. 따
라서 원고가 발견한 나비 화석의 가치는 그 값을 쉽게 매길
수 없을 것입니다.

 몸체에 단단한 부분이라곤 거의 없는 나비 같은 곤충이 화석
이 되기 어려운 이유가 있었군요. 때문에 나비 화석은 굉장히
귀한 것이고요. 이번 법정은 귀한 나비 화석을 접할 수 있는
좋은 기회였네요. 화석 판매상의 잘못된 정보로 귀한 나비 화
석의 가치가 곤두박질칠 뻔했는데 앞으로 다시는 이런 일이
일어나지 않도록 정확하게 확인해야겠습니다. 무엇보다도 화
석 박물관에서는 나비 화석이 손상되지 않고 오랫동안 보존

될 수 있도록 철저히 관리해야 할 것입니다.

재판이 끝난 뒤, 김혹시 씨는 나비 화석이 자신이 의심한 대로 귀한 가치가 있는 화석이라는 것을 확인하고 기뻐했다. 그리고 박물관에 기증하면서 매우 뿌듯해했다. 이를 지켜본 김혹시 씨의 아내와 딸은 뭐든 한번쯤 의심해 보는 것도 나쁘지 않다는 생각을 하게 되었다.

 풍화 작용

암석이 지표에 드러나면 공기나 물, 동식물에 의해 단단했던 암석이 점차 잘게 부서지면서 흙으로 변하는데 이것을 '풍화 작용'이라고 한다. 풍화 작용에는 물질의 성분이 변하는 화학적 풍화와 물질의 성분 변화 없이 상태만이 변하는 물리적 풍화가 있다.

살아 있는 화석도 있나요?

바퀴벌레가 고생대부터 존재했었다는 게 사실일까요?

"반갑습니다, 여기는 바다 화석 박물관입니다."

"하하, 남자가 무슨 안내양이야? 웃기다."

바다 마을의 바다 화석 박물관은 오늘도 사람들로 넘쳐 났다. 바다 화석 대학에 다니는 김태평 씨는 바다 화석 박물관으로 실습을 나와 있던 참이었다. 때마침 안내양이 그만두는 바람에 김태평 씨가 바다 화석 박물관의 안내양 역할을 맡게 된 것이었다.

"반갑습니다, 여기는 바다 화석 박물관입니다."

"안내양, 너무 곱게 생긴 거 아니에요? 여자라고 해도 믿겠는걸."

남자가 안내양을 하고 있는 것을 신기하게 생각한 사람들은 지나가면서 놀리듯 한마디씩 던졌다.

"야유, 저것들을 그냥!"

"참아, 오늘까지만 하면 끝이잖아. 다음 학기 땐 지구과학과로 실습 나간다면서?"

"응, 거긴 그래도 여기보단 편하겠지?"

"그럼, 고생 많이 했으니까 곧 좋은 날이 올 거야. 그건 그렇고 내일부터 방학인데 뭐 할 거야?"

"글쎄, 특별한 계획은 없는데…… 지금은 심신이 지쳐서 일단 피로 풀릴 때까지는 먹고 자고 먹고 자고 할 거야."

그렇게 다음 날부터 김태평 씨의 방학은 시작되었고, 오랜 기간의 실습으로 지친 심신을 회복하기 위해 아무것도 하지 않은 채 집에서 뒹굴었다.

"밖에는 나가지도 않을 테니 머리는 감지 말아야지."

김태평 씨는 나날이 머리를 감지 않았고 외출을 하지 않는 날도 점차 늘어났다.

"아, 그러고 보니 이 옷 입은 지 벌써 일주일이나 됐네? 뭐 어때? 아무도 안 보는데 며칠 더 입고 빨지, 뭐."

김태평 씨는 빨래도 하지 않았고 심지어는 속옷도 며칠씩 갈아입지 않았다.

그러던 어느 날부턴가 집에서 이상한 냄새가 나기 시작했다. 김태평 씨는 냄새의 출처를 찾아 온 집안 구석구석을 찾아다녔다.

"이게 무슨 썩는 냄새야? 아, 설거지. 설거지가 언제 이렇게 쌓였어? 윽 냄새. 손도 못 대겠는걸. 안 되겠다, 그냥 이 그릇들 다 버려야겠다."

귀차니즘의 최절정에 달한 김태평 씨는 설거지를 하기 싫다는 이유로 그릇들을 죄다 쓰레기봉투에 담아서 내버렸다. 그렇게 시간은 흘러갔고, 김태평 씨는 하루 종일 집에서 한 발자국도 나가지 않은 채 폐인처럼 생활하고 있었다.

그러던 어느 날 밤, 잠을 자고 있던 김태평 씨가 부스럭부스럭하는 소리에 잠에서 깼다.

"내가 잘못 들었나?"

'부스럭부스럭……'

"이게 무슨 소리지?"

김태평 씨는 불을 켰고, 방 안을 둘러봤다. 곧 천장 한쪽 구석에서 사이좋게 붙어 있는 바퀴벌레 네 마리를 발견한 김태평 씨는 기겁을 하며 소리를 내질렀다.

"으악 뭐야? 저것들. 안 되겠다, 무서우니까 일단 이불 뒤집어쓰고 자야겠다."

도저히 네 마리의 바퀴벌레를 잡을 용기가 없던 김태평 씨는 바퀴벌레로부터 자신을 보호한다는 명목하에 이불을 뒤집어쓰고 땀을 뻘뻘 흘리며 잠을 청했다.

'딩동~ 딩동~.'

"누구지? 날 찾아올 사람이 없는데. 누구세요?"

"나야, 인마. 문 열어."

김태평 씨가 문을 열자 오랜만에 놀러 온 그의 친구가 서 있었다. 김태평 씨의 친구는 김태평 씨와 그의 집을 보고 너무 놀란 나머지 뒤로 넘어질 뻔했다. 잠시 뒤 겨우 몸을 추스른 김태평 씨의 친구가 이번에는 손으로 눈을 비비며 자신의 눈앞에 펼쳐진 광경을 믿을 수 없다는 시늉을 했다.

"태평아, 태평이 어디 갔니? 누구세요? 여긴 태평이네 집인데요?"

"장난칠래?"

"장난 아니거든요? 너 도대체 왜 이렇게 사니?"

"밖에는 나가지도 않는데 뭐. 그냥 좋은 게 좋은 거라고 편하게 살면 되는 거 아니야?"

"안 되겠다, 너 이러다가 진짜 폐인 되겠다. 내가 당장 소개팅시켜 줄 테니까 얼른 예전의 태평이로 돌아와. 친구야!"

마치 폐인 같은 김태평 씨의 모습을 본 그의 친구는 도저히 그냥 두고만 볼 수 없다는 생각이 들어, 그에게 여자를 소개시켜 주기로 했다. 이에 마음이 들뜬 김태평 씨는 다음 날 바로 목욕탕으로 향했다.

"너무 오랜만에 씻어서 때 미는 방법도 잊어버렸는데……."

오랜만에 목욕탕에 온 김태평 씨의 몸에선 지독한 냄새가 났고,

사람들은 그를 곁눈질하며 눈치를 줬다. 하지만 김태평 씨는 주변의 따가운 시선에는 아랑곳하지 않고 하수구를 두 개나 막는 기록을 세우며 때를 빼고 광을 낸 뒤 밖으로 나왔다.

"목욕은 했으니, 이제 머리도 해야겠지."

그렇게 겉치장을 끝낸 김태평 씨는 마지막으로 콧속을 정리했다.

"그래, 코털이 삐져나와 있으면 매너가 아니지. 오랜만에 코딱지들도 빛을 보게 해 줘야지!"

다음 날, 김태평 씨는 드디어 소개팅을 하게 됐다.

그런데 김태평 씨는 소개팅 도중에 계속 귓속에서 이상한 소리가 들리는 것 같았고, 점점 귓속이 가려워지기 시작했다. 정도가 점점 심해져서 결국 상대방의 말에 집중할 수가 없게 된 그는 손가락을 귓속으로 집어 넣었다가 뺐고, 그 순간 김태평 씨의 귀에선 손톱만 한 귓밥이 툭 떨어졌다. 이를 본 상대 여성을 몹시 놀라서 당장 그 자리를 박차고 일어나 나가 버렸다. 이렇게 김태평 씨의 소개팅은 실패로 끝났고 어느덧 개강을 맞아 지구과학과로 실습을 나가게 되었다.

그러던 어느 날, 마을 사람들이 바다에서 신기한 물고기를 보았다는 소문이 돌았다. 평소 호기심을 참지 못하는 김태평 씨는 궁금하기도 하고, 뒤숭숭한 마음도 정리할 겸 배를 타고 바다로 나갔다. 그리고는 얼마 뒤 그는 마을 사람들이 말한 1m 80cm 정도 되는 물고기를 바로 코앞에서 보게 됐다.

"아니, 저건!"

김태평 씨는 너무 놀라서 입을 다물지 못했다. 놀랍게도 그 물고 기는 자신이 바다 화석 박물관에서 보았던 물고기 화석과 똑같이 생겼던 것이다. 그는 자신의 눈앞에서 헤엄치는 물고기의 사진을 찍어 박물관에 있는 물고기 화석과 비교해 보았다. 역시 그의 예측 대로 두 물고기의 모양이 완전히 일치했다. 김태평 씨는 마을 신문 에 물고기 화석 사진과 자신이 바다에서 찍은 물고기 사진을 함께 올린 뒤 자신이 살아 있는 화석을 발견했다는 글을 썼다.

이 글은 마을 사람들을 놀라게 했을 뿐 아니라, 마을 지구과학 협회를 통해 과학공화국 신과학 센터에 접수되었다. 하지만 그의 기대와 달리 신과학 센터에서는 다음과 같은 글을 김태평 씨에게 보내왔다.

컴퓨터 그래픽을 이용해 합성하는 과학 사기가 기승을 부리고 있습니다. 바 다 화석 박물관에 있는 물고기는 중생대에 나타났다가 지금은 멸종된 물고기입 니다. 그러므로 당신이 촬영한 물고기 사진은 합성이라는 결론이 났습니다.

"내가 합성을 했다고?"

김태평 씨는 자신이 사기를 쳤다고 주장하는 신과학 센터를 지 구법정에 고소했다.

지질 시대부터 지금까지 그 개체가 발견되는 화석을 살아 있는 화석이라고
부르는데, 실러캔스가 그 대표적인 예입니다.

살아 있는 화석이 있을까요?
지구법정에서 알아봅시다.

 재판을 시작합니다. 먼저 피고 측 변론하
세요.

 화석이 살아 있다니요? 그럼 지금 세상에
서 공룡도 돌아다니고, 매머드도 볼 수 있어야 하잖아요? 그런
데 없죠? 화석이란 지질 시대 때 일정 기간 살다가 멸종된 동
식물의 흔적을 말합니다. 그러므로 원고가 본 물고기는 바다
화석 박물관에 전시된 물고기와 비슷한 물고기일 뿐 서로 같은
종류의 물고기라고 볼 수 없습니다. 두 물고기의 모습이 비슷
한 것은 아마도 사진 조작으로 인한 것이 아닐까 생각합니다.

 이의 있습니다. 지금 피고 측 변호사는 확실한 증거도 없이
원고를 사기꾼으로 몰고 있습니다.

 인정합니다. 지치 변호사, 원고가 사진을 합성했다는 증거라
도 있습니까?

 없지만…… 뻔한 거 아닙니까?

 그럴 줄 알았습니다. 그럼 원고 측 변론하세요.

 생화석 연구소의 사라라 소장을 증인으로 요청합니다.

선글라스를 낀 30대의 여성이 긴 머리를 날리며 증
인석으로 들어왔다.

 증인, 사진 자료를 보셨죠?

 네.

 화석 물고기의 이름은 뭐죠?

 실러캔스라는 물고기입니다.

 언제 살았었죠?

 실러캔스는 고생대 데본기부터 중생대 백악기까지 살았던 물
고기입니다. 6,500만 년 전에 공룡과 함께 멸종되었다고 알려
져 있고요.

 그럼 김태평 씨가 그 물고기를 봤다는 말은 거짓이군요.

 아닙니다.

 어째서죠?

 최근 들어 바다에서 실러캔스가 여러 차례 발견되었습니다.
따라서 완전히 멸종되었다기보다는 그 수가 많이 줄어든 것
으로 보아야 합니다.

 그렇다면 이렇게 살아 있는 생물에 대해서도 화석이라는 말
을 쓸 수 있습니까?

 물론입니다. 지질 시대부터 지금까지 그 개체가 발견되는 화
석을 살아 있는 화석이라고 부르는데, 실러캔스가 그 대표적

인 예입니다.

 다른 예도 있나요?

 은행은 고생대 말에 처음 지구상에 나타나 지금껏 볼 수 있으므로 약 2억 7천만 년 이상을 살아온 살아 있는 화석입니다. 또한 집에서 많이 발견되는 바퀴벌레도 고생대부터 지금까지 생존하는 살아 있는 화석이지요.

 그럼 김태평 씨의 말이 맞군요.

 그렇습니다.

판결합니다. 신과학 센터는 일반인들의 과학적 발견을 아무런 검증도 없이 너무 쉽게 사진 합성으로 몰아간 잘못이 있으며, 이로 인해 김태평 씨의 인격을 모독했습니다. 그러므로 신과학 센터에서는 김태평 씨에게 정중하게 사과하고, 신과학 센터의 명예 회원으로 받아들일 것을 판결합니다.

재판이 끝난 후, 김태평 씨는 살아 있는 화석인 실러캔스의 사진을 최초로 찍었다는 이유로 화석계의 일약 스타가 되었고, 졸업 후 신과학 센터의 화석 담당 연구원으로 취직했다.

화석

지질 시대에 살던 고생물의 유해 및 유물이 퇴적암 따위의 암석 속에 남겨진 것을 화석이라고 한다.

공룡의 피부

정말 화석을 통해 공룡의 피부를 느낄 수 있을까요?

"얼레리 꼴레리~ 바보래요, 바보래요, 바보래요."

아이들이 한 사내아이를 둘러싼 채 놀리고 있었다.

"너네 그러면 우리 엄마가 혼내 주러 온다고 그랬다."

"하나도 안 무섭거든? 맹구, 너 이거 먹고 싶냐?"

"그건 뭔가?"

"너 이것도 몰라? 이건 강남에서 지금 막 만들어서 배달된 따끈 따끈한 강남 빵이야."

"뭐? 강남 빵? 강남 빵은 강낭콩으로 만든 빵인가?"

"으이구, 너 강남이 어딘지도 몰라? 아유~ 내가 너 같은 바보한테 무슨 말을 하겠냐?"

"으흐흐! 맹구는 강낭콩도 좋아한다. 먹기 싫으면 나 줘라."

"미쳤냐? 내가 빵을 너한테 공짜로 주게? 너 이 빵 먹고 싶어?"

"응, 흐흐흐…… 먹고 싶다."

"그럼, 맨 엉덩이로 이름 쓰면 이 빵 너 줄게."

맹구는 그 말에 조금의 망설임도 없이 엉덩이를 보인 채 이름을 쓰기 시작했고, 아이들은 환호성을 지르며 그 상황을 지켜봤다.

"에이 바보, 또 속았대요, 또 속았대요."

애초에 맹구에게 빵을 줄 생각이 없던 아이들은 얼른 도망을 쳤고, 혼자가 된 맹구는 동네 여기저기를 떠돌아다녔다. 그러다가 맹구는 인적이 드문 동굴 근처로 갔고, 그곳에서 이상한 것을 발견하게 되었다.

"엉, 이게 무엇인가? 우아, 여기에 내 엉덩이가 쏙 들어가네. 어? 여기도 있고, 저기도 있고, 저기 또 있고. 우아~ 엄마랑 나랑 누나랑 아빠랑 네 명이서 앉으면 딱 맞겠다. 으흐흐!"

날이 저물어 배가 고파진 맹구가 집으로 돌아왔다.

"우리 맹구, 오늘은 뭐 하고 놀았어?"

"엄마, 나 오늘 신기한 거 발견했다."

"우리 맹구가 뭘 발견했기에?"

"그런 게 있다. 엄마가 직접 가 보면 안다. 내가 엄마 자리도 마련해 놨다."

"얘가 그게 무슨 소리야? 도대체."

맹구의 엄마는 맹구가 또 헛소리를 한다고 생각하고 대수롭지 않게 여겼다.

다음 날, 날이 밝자마자 맹구는 엄마를 이끌어 그곳으로 향했다.

"얘가 도대체 나를 어디로 끌고 가는 거야? 엄마 밭에 나가 봐야 하는데……."

"빨리 와 봐라, 엄마. 엄마 자리 여기 있다."

마지못해 맹구를 따라간 맹구의 엄마는 동굴 쪽으로 움푹 파인 지형을 보고 의아한 생각이 들었다.

"대체 이게 뭐야?"

"엄마, 여기 엄마 자리다. 내가 침 발라 놨다. 앉아 봐라."

"이런 곳은 처음 보는데, 대체 뭐지?"

그렇게 맹구를 따라 움푹 파인 지형을 보고 돌아온 맹구의 엄마는 그날 저녁 맹구의 아빠에게 이 사실을 말했다.

"여보, 오늘 맹구를 따라서 동굴 주변에 갔는데, 글쎄 땅이 움푹 파인 게 신기하더라고요."

"뭐? 그거 혹시 공룡 발자국 아니야?"

"네? 공룡 발자국이오?"

"그래, 예전에 할머니한테 여기가 공룡이 살았던 지역이라는 얘기를 들은 적이 있어. 이거 잘만 하면 떼돈 벌 수 있겠는걸."

맹구의 아빠는 이 사실을 마을 사람들에게 알렸고, 다음 날 공룡 전문가들이 공룡 발자국의 진위 여부를 가리기 위해 마을로 찾아 왔다. 전문가들의 감정 결과 그것이 공룡 발자국이라는 사실이 밝혀졌고, 마을 사람들은 공룡 발자국을 관광화해 대규모 사업을 벌일 것을 적극적으로 제안했다.

그리고 곧바로 맹구를 대표로 하는 대규모의 공룡 관광단지가 만들어졌고, 그다음 해에는 드디어 공룡 관광단지가 오픈을 했다. 결과는 대성공이었다. 수만 명의 관광객들이 벌 떼처럼 몰려들기 시작했던 것이다.

이로 인해 농사를 짓던 마을 사람들 대부분은 서비스업으로 직종을 바꿨고, 관광객들이 점점 더 많이 몰려들면 몰려들수록 맹구와 마을 사람들도 점점 더 큰 부자가 되어 갔다.

"어, 저거 징크스 차 아니야?"

"그러게, 우리 마을에서 누가 저런 차를 몰고 다니지?"

"어? 저건 맹군데."

"맹구 완전 팔자 폈다, 폈어."

"얘들아, 나랑 놀자."

"네? 맹구 아저씨, 저희는 공부하러 가야 돼요."

"왜 그래? 얘들아, 나랑 놀아 줘."

바보라고 놀림을 받던 맹구가 하루아침에 큰 부자가 되자 동네 아이들은 더 이상 맹구를 무시하지 않았다.

그러던 어느 날, 이웃 마을에도 새로운 관광단지가 조성됐고, 공룡 관광 단지의 인기는 나날이 시들해졌다. 이에 위기를 느낀 마을 사람들은 뭔가 대책을 마련해야겠다는 생각이 들었고, 놀라운 광고를 하기 시작했다.

공룡의 피부를 느끼고 싶으세요? 와, 공룡 관광단지로 와! 화석으로 직접 느끼는 공룡의 피부! 공룡 관광단지에서라면 가능합니다!

공룡의 피부를 화석으로 느낄 수 있다는 광고가 나가자 또다시 공룡 관광단지에는 관광객들이 몰리기 시작했다. 반면 이웃 마을의 관광단지는 그만큼 관광객들이 줄어들었고, 화가 난 이웃 마을 사람들은 공룡 관광단지 사람들에게 따지러 왔다.

"화석으로 공룡의 피부를 느낀다고? 아무리 돈을 벌고 싶어도 그렇지, 뻥이 너무 심하잖아."

"뭐? 뻥? 이 사람들이 누구를 사기꾼으로 보나. 진짠지 아닌지 당신들이 직접 보면 되잖아."

"그러게, 어디 와서 행패야, 행패가……."

"당신들이 뻥치는 바람에 사람들은 사람들대로 속고, 우리는 우리대로 손해 보고. 당신들 때문에 피해 보는 사람들이 너무 많잖아!"

"우리는 뻥 같은 거 친 적 없거든. 진짜로 화석으로 공룡의 피부를 체험할 수 있다고."

"반성하면 봐주려고 했더니, 끝까지 뻥으로 밀고나가시겠다? 그
래, 누가 이기는지 우리 지구법정에 가서 확인해 보자고."

공룡 관광단지 마을 사람들과 이웃 마을 사람들은 티격태격하며
지구법정으로 향했다.

피부 화석이 발견되지 않는 이유는 피부의 보존 상태가 어렵기 때문입니다.
일반적으로 사체는 뼈만 남고 나머지는 모두 썩기 때문에
피부 화석이 발견되기 어렵습니다.

공룡 화석으로 공룡의 피부를 느낄 수 있을까요?

지구법정에서 알아봅시다.

🧑‍⚖️ 재판을 시작하겠습니다. 공룡 화석을 통해 공룡의 피부를 느낄 수 있다니 정말 놀랍군요. 이게 정말 가능한 일인지 피고 측 변론하십시오.

🧑 여러분은 텔레비전이나 영화에서 공룡이 나오는 모습을 종종 보았을 것입니다. 화면에 나온 공룡의 피부는 대부분 파충류와 비슷하지요. 이것은 아무 근거 없이 만들어 낸 것이 아닙니다. 그렇다면 공룡의 피부에 관해 어떻게 알 수 있었을까요? 당연히 공룡 화석을 통해 알아낸 것입니다.

🧑‍⚖️ 공룡의 피부 화석이 발견되었다는 말입니까? 그럼 우리도 공룡의 피부를 직접 느낄 수 있겠군요.

🧑 공룡의 피부 화석이 있으니 만져 보면 직접 피부를 느낄 수 있겠지요. 그런데 공룡의 피부 화석이 어디에 있는지는 잘 모르겠습니다.

🧑‍⚖️ 엥? 정말 공룡 피부 화석이 있기는 한 겁니까? 의심스럽군요. 원고는 어떻게 생각하는지 원고 측 변론을 들어 보겠습니다.

🧑 저희는 피고 측 주장에 동의할 수 없습니다. 공룡의 피부 화

석은 실제로 존재할 수 없습니다.

존재할 수 없다고 단정하는 이유라도 있습니까?

공룡 화석의 전문가이신 박용용 박사님을 모시고 공룡 화석에 대한 말씀을 들어 보겠습니다. 증인을 요청합니다.

증인 요청을 받아들입니다.

공룡 가면을 쓴 50대 초반의 남성이 공룡 피부와 비슷한 재질의 옷감으로 만든 외투를 걸치고 증인석 으로 들어섰다.

공룡은 머리부터 발끝까지 화석으로 발굴된 것이 많은 편이라고 합니다. 그렇다면 공룡의 피부도 화석으로 남을 수 있습니까?

공룡의 피부를 비롯하여 대부분의 동물의 피부는 화석으로 남겨지기가 매우 힘듭니다. 거의 불가능하다고 보면 됩니다.

공룡의 뼈는 화석으로 남는 경우가 많은데 피부는 화석으로 남기 힘든 이유가 무엇입니까?

공룡의 사체에서는 뼈만 남게 되는데, 이때 뼈의 미세한 구멍으로 각종 광물질이 함유됩니다. 광물질은 생체의 생리 기능에 필요한 광물로 된 영양소로 칼륨, 철 따위를 말합니다. 이런 광물질이 수천만 년에 걸쳐 뼈와 함께 하나의 돌로 변하기 때문에 뼈가 오랫동안 보존될 수 있는 것이지요. 만약 공룡의 피부 화석이 발견된다면 공룡의 진짜 몸 색깔을 알 수 있으므로 학계에 엄청난 뉴스가 될 것입니다. 하지만 지금까지 제대로 된 피부 화석은 발견되지 않았습니다. 피부 화석이 발견되지 않는 이유는 피부의 보존 상태가 어렵기 때문입니다. 일반적으로 사체는 뼈만 남고 나머지는 모두 썩기 때문에 피부 화석이 발견되기 어려운 것이지요.

 그렇지만 영화나 텔레비전에서 보게 되는 공룡의 피부는 파충류와 흡사하게 묘사되고 있는데, 근거가 있는 것인가요?

 공룡의 피부에 수분 양이 많아 보존되는 게 힘들긴 하나 아주 드물게 모래 폭풍 속으로 갑자기 매몰되어 썩지 않고 미라화되면서 피부 조각이 급속히 말라 보존되는 경우가 있습니다. 이렇게 귀중한 자료는 공룡이 현생 파충류처럼 질긴 비늘 같은 피부를 가졌음을 보여 줍니다.

 그럼 공룡의 피부색도 알 수 있습니까?

 색깔은 화석상에서는 보존되지 않습니다. 그러나 공룡들은 다양한 피부색을 가졌던 게 틀림없습니다. 왜냐하면 동물들은 다른 무리로부터 위장을 하기 위해 피부색의 도움을 받기 때문입니다. 공룡들도 매우 다양한 서식지에서 매우 다양한 종류가 살았기 때문에 이들이 공격과 방어 그리고 경쟁을 위해 피부색을 이용했을 가능이 매우 높은 것이지요. 예를 들

어 이구아노돈 같은 중간 크기의 공룡은 숲 속에서 고사리류
나 낮은 곳에 있는 잎을 뜯어 먹으며 대부분의 시간을 보냈
는데, 뱀의 무늬처럼 초록과 노랑이 섞인 피부색은 태양빛을
받아 반사되는 식물들 사이에서 몸을 위장하는 데 이상적이
었습니다.

공룡은 다양한 피부색을 갖고 있었지만, 오랜 세월 동안 보존
되기는 상당히 힘들군요. 피고 측에서 관광 사업을 활성화시
키기 위해 공룡 피부 화석을 내세웠지만 따지고 보니 아무것
도 모르는 사람들만 감쪽같이 속았던 거네요. 피고 측은 당장
공룡 피부 화석에 대한 관광 홍보를 중단하고 마을에 사과 전
단지를 배포해야 합니다.

지금까지 양측의 변론을 들어 본 결과 피고 측의 공룡 피부
화석 관광은 불가능할 것으로 판단됩니다. 따라서 허위 광고
로 판결하며 이 시간 이후 광고를 그만두도록 하십시오. 피고
측은 마을 사람들에게 공룡 피부 화석 관광이 중단되었음을
알리도록 하세요. 이상으로 재판을 마치겠습니다.

재판이 끝난 후 공룡 피부 화석 관광이 불가능한 것으로 밝혀지
자 많은 사람들은 새로 생긴 이웃 관광단지로 관광을 갔다. 그러자
맹구네 마을 사람들은 침울해했다.

그러나 얼마 지나지 않아 맹구가 또 신비한 화석을 발견했고 이

로 인해 맹구네 마을은 다시 특이한 관광단지로 유명해졌다. 더불
어 맹구는 화석 발견가로 이름을 날렸다.

과학성적 끌어올리기

화석

화석이란 지질 시대로부터 보존되어 온 생물들의 흔적이 흙이나 바위 속에 묻혀 있는 것을 말한다. 그래서 화석은 그 생물이 살았던 당시의 환경을 알려 주는 소중한 자료이기도 하다. 화석은 오랜 시간 동안 암석 속에 묻혀 있었기 때문에 단단한 모습을 하고 있지만, 어떤 경우에는 식물의 잎이나 동물의 피부와 같은 연한 부분이 발견되기도 한다. 예를 들면 얼음 속에 갇혀 죽은 매머드 화석이나 공룡의 피부 화석 등이 그 예이다.

화석은 크기에 따라 크기가 큰 대화석과 크기가 작아 현미경으로만 볼 수 있는 미화석으로 나뉘고, 동물이냐 동물이 아닌 다른 생물이냐에 따라 나누기도 한다. 또한 동물체의 일부 또는 전부가 온전하게 보존된 화석을 체화석, 생물의 흔적만 남은 화석을 흔적 화석이라고 한다.

화석은 어떻게 만들어질까?

화석이 만들어지는 경로는 여러 가지이지만, 가장 흔한 경우는 다음과 같은 과정을 거친다.

바다나 호수에 살던 물고기나 조개가 죽으면 바다나 호수 바닥에 가라앉는다. 세월이 흘러 물고기나 조개의 시체 위에 모래나 진흙 같은 것들이 쌓이고 긴 세월을 거쳐 모래나 진흙이 단단하게 굳어 바위가 된다. 그 후 오랜 시간이 흘러 지각 변동이 일어나 호수 바닥이 지표로 올라오게 되면 물이나 바람에 의해 바위가 깎이면서 묻혀 있던 화석이 드러나게 된다.

또 다른 예로는 화산 폭발로 늪으로 흘러든 용암이 갑자기 굳으면서 용암 안이나 사막의 모래 안에 생물이 갇혀 화석이 만들어지는 경우이다.

많은 개체가 살았던 생물이나 단단한 껍질, 혹은 뼈가 있는 동식물일수록 화석이 되기 쉽다.

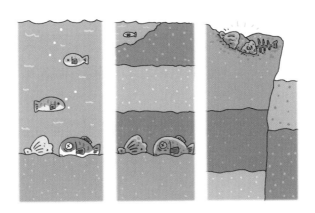

화석이 만들어지기 위해서는 다음과 같은 조건을 만족해야 한다.

① 넓은 지역에서 살고 있는 생물이어야 한다.

② 생물의 유해나 생활 기록이 지워지기 전에 급격한 환경 변화로 인해 퇴적

물 속에 매몰되어야 한다.

③ 생물의 유해가 지각 변동으로 인한 열이나 압력에 의해 용해되지 않는 단

단한 부분이 있어야 한다.

과학성적 끌어올리기

지층과 화석

화석을 조사하는 방법에는 두 가지가 있다. 하나는 채집한 표본의 모양, 구조, 성분들을 조사하여 옛날에 살았던 생물이 어떻게 진화했는지 알아보는 것이고, 다른 하나는 화석의 성질을 이용하여 화석을 포함한 지층이 언제 만들어졌으며, 당시의 기후는 어땠는지 등을 알아보는 것이다.

표준 화석

지질 시대는 크게 고생대, 중생대, 신생대로 나뉘는데 고생대의 표준 화석으로는 삼엽충, 돌제비, 사슬 산호, 방추충 등이 있고, 중생대의 표준 화석으로는 암모나이트, 잠자리, 시조새, 해파리, 오징어, 공룡 등이 있다. 신생대의 표준 화석으로는 거북, 상어 등을 들 수 있다.

제2장

공룡에 관한 사건

공룡① – 공룡과 파충류

공룡② – 공룡도 두 발로 걷나요?

공룡③ – 공룡과 체체파리

공룡의 위석 – 공룡 화석과 돌멩이

공룡의 멸종 – 폭식가 공룡?

티라노사우루스① – 티라노사우루스와의 팔씨름

티라노사우루스② – 티라노사우루스와 죽은 고기

공룡의 속도 – 공룡이 느림보라고요?

공룡의 활동 시간 – 영화 〈공룡의 대습격〉

악어와 공룡 – 악어가 공룡인가요?

공룡과 파충류

공룡과 파충류는 어떻게 구분할까요?

"민우야, 할아버지 내일 방송 찍는다."

"정말요? 무슨 프로그램인데요?"

"동물의 세곈가 네갠가, 거기 나가서 파충류에 관해서 간략한 설명을 하는 거래."

"우아, 그거 생방송이에요?"

"응, 생방송."

"첫 방송인데, 생방송이라고요? 너무 센 거 아니에요? 그러다가 할아버지 실수라도 하면 어떡해?"

"너네 할아버지처럼 강심장인 분이 무슨 실수를 하겠니?"

민우는 신기한 마음에 할아버지의 서재로 달려갔다.

"할아버지, 내일 방송 나가신다면서요?"

"그래, 그건 그렇고 너 마늘 먹었냐? 아유~ 이 자식, 마늘 냄새 봐라. 얼른 나가지 못해?"

"네."

다음 날, 파충류 학자 김파충 씨는 새벽부터 일어나서 방송국으로 갈 준비를 했다.

"여보, 젤 어딨어?"

"아니, 지금이 몇 신데 사람을 깨우고 그래?"

"이놈의 할망구가, 벌써 새벽 5시야."

"방송하려면 한참 남았구먼, 왜 새벽부터 호들갑이야?"

"이놈의 할망구, 잠 귀신이 붙었나? 잠이나 퍼 자라."

그러면서 김파충 씨는 할머니에게 발길질을 해 댔다.

"아, 동백기름이 어디 있었는데…… 그렇지, 그렇지. 이 할망구 여기다가 숨겨 났구먼."

"자, 어디 한번 발라 볼까? 캬하하! 됐다. 요 녀석 잘생겼는데? 김파충, 아직 죽지 않았어."

그렇게 김파충 씨는 텔레비전 출현을 앞두고 마음이 들떴고, 심혈을 기울여 몸치장을 했다.

"잘 다녀와요."

"할아버지, 떨지 말고 잘하세요."

"오냐, 당연하지."

"아버지, 파이팅!"

"그래, 파이팅이다."

"아버님, 녹화 잘하시고 오세요. 저흰 집에서 텔레비전으로 응원할게요.

김파충 씨는 가족들의 격려를 받으며 방송국으로 향했다.

"저기, 오늘 인터뷰하기로 한 김파충 선생님이세요?"

"네, 그렇습니다."

"그냥 간단하게 질문하는 거니까, 생방송이지만 마음 편하게 먹고 하시면 될 거예요."

잠시 후, 방송이 시작됐다.

'뭐야? 사람들이 왜 이렇게 많아? 떨리게. 텔레비전에서 보는 거랑 완전 다르잖아.'

김파충 씨는 긴장하기 시작했고, 식은땀까지 흘렸다.

"네, 오늘은 파충류 박사 김파충 씨를 자리에 모셨습니다."

"네, 안녕하십, 안녕하십, 안녕하십…… 니까?"

너무 긴장한 김파충 씨는 입 밖으로 말이 잘 나오지 않았고 처음부터 실수를 했다.

"파충류에 관한 재미있는 얘기가 있으면 좀 해 주시겠어요?"

목이 타 들어가 물을 마시고 있던 김파충 씨는 갑작스런 사회자의 질문에 당황하여 마시고 있던 물을 뿜어 댔다.

이 모습에 당황한 제작진은 카메라를 재빨리 사회자 쪽으로 돌렸다.

"파충류는 변온 동물인가요?"

"그럼, 그럼, 그럼요. 파충류는 환경에 따라 체온이 변하는 변온 동물입니다."

"아, 그렇군요. 변온 동물이 아닌 동물에는 어떤 것이 있는지 구체적으로 말씀해 주시겠어요?"

사회자의 질문에 김파충 씨는 준비해 온 자료들을 뒤지기 시작했고, 너무 긴장한 나머지 앞으로 쓰러지고 말았다. 그렇게 김파충 씨의 첫 방송 출현은 망신스럽게 막을 내렸다.

"할아버지, 진짜 완전 굴욕이야, 굴욕."

"그러게, 잘난 척은 혼자 다 하시던 양반이 꼴좋다."

"아마 인터넷에 보면 김파충 굴욕 3종 세트가 올라와 있을걸요? 한번 찾아볼까?"

민우는 인터넷에 올라와 있는 김파충 씨의 굴욕 3종 세트를 보고 있었다.

"하하하, 우리 할아버지지만 진짜 굴욕이다."

"뭐? 저리 안 가? 안 비켜?"

그때, 김파충 씨가 서재로 들어왔고 손자 민우를 쫓아내고는 자신이 출현한 프로그램의 홈페이지에 들어가 보았다.

'아유~ 창피해. 이제 어떻게 얼굴을 들고 다녀?'

"굴욕 3종 세트? 아유~ 머리야."

인터넷에는 김파충 씨의 굴욕 3종 세트가 동영상으로 캡처되어 올라와 있었고, 그 밑에는 이에 관한 댓글들이 수없이 달려 있었다.

- 김파충? 할아버지도 혹시 파충류인가요?

- 우아, 우리 할아버지였으면 내가 호적에서 내 이름 팠다.

- 근데, 파충류는 항온 동물이라고 배운 것 같은데? 이 사람 말 믿을 수 있나요?

- 그러게, 나도 항온 동물이라고 배운 것 같은데, 뭔가 이상해.

- 김파충! 으악~ 난 파충별에서 온 파충류다.

- 파충아, 안녕? 난 마뱀이야, 도마뱀.

댓글을 본 김파충 씨는 너무나 화가 났고, 가명으로 댓글을 하나 올렸다.

- 너네는 실수도 안 하니? 사람이 살다 보면 실수도 할 수 있고 그런 거지.

- ↑ 이 사람, 너 김파충이지? 사실대로 밝혀!

- 파충아, 나이 먹어서 이러면 좋니?

- 그러게, 나잇값을 해야지. ㅋㅋ

또다시 댓글이 수십 개가 올라오자, 김파충 씨는 또 다른 사람

이름으로 댓글을 남겼다.

– 너희는 할아버지도 없니? 아무리 그래도 어른인데 너무한 거 아니니?

그러자 후닥닥 댓글들이 올라오기 시작했다.

– 없다, 어쩔 건데?
– 파충아, 그만해. 너라는 거 다 티 나거든 ?
– 그건 그렇고, 파충류가 변온 동물이라는 건 인정할 수 없습니다.
– 그건 그래. 나도 파충류가 변온 동물이라는 말은 들어 본 적이 없어.
– 김파충 이 사람, 국민을 상대로 사기 치는 거 아니에요?
– 그러게, 우리 이참에 모두 힘을 모아서 김파충 씨를 지구법정에 고소합시다.

공룡은 변온 동물과 항온 동물의 특성을 복합적으로 가지고 있는
관성 항온성의 체온 조절 체계를 가졌을 확률이 큽니다.

모든 파충류는 변온 동물일까요?
아니면 정온 동물인 파충류도 있을까요?
지구법정에서 알아봅시다.

재판을 시작하겠습니다. 파충류가 변온
동물이라고 말한 김파충 씨의 말을 인정
할 수 없다는 사람이 많습니다. 피고 측은 파충류가 변온 동
물이라고 생각합니까?

파충류에는 도마뱀, 뱀, 거북이, 악어 등이 있으며 이들은 모
두 주위의 온도 변화에 따라 체온이 변하는 변온 동물입니다.
아무렴 김파충 박사님이 긴장하셨다고 해도 거짓된 내용을
방송에서 말씀하실 리가 없습니다.

파충류가 변온 동물인 것은 대부분의 사람들이 알고 있는 사
실입니다. 그런데 원고 측에서는 파충류가 항온 동물일수도
있다고 하는군요. 혹시 항온 동물인 파충류가 존재하는 건 아
닐까요?

동물들은 각각의 종류에 따라 가지는 특징이 있습니다. 체온
을 유지하거나 조절하는 방식은 동물의 종류를 나누는 가장
중요한 기준 중 하나입니다. 따라서 파충류라면 모두 체온 조
절 방식이 같아야 합니다. 그렇기 때문에 모든 파충류는 변온
동물입니다.

피고 측에서는 모든 파충류가 변온 동물이라고 주장하는데, 원고 측은 어떤 주장을 하는지 들어 봅시다. 원고 측 변론하십시오.

대부분의 파충류는 변온 동물이 맞습니다. 하지만 파충류 중 몇몇은 변온 동물이 아닐 수도 있습니다.

파충류이면서 변온 동물이 아닌 것은 어떤 동물입니까?

공룡은 파충류이기 때문에 변온 동물이라고 알려져 왔으나 공룡 중 일부가 변온 동물이 아닐 수 있다는 주장이 있습니다. 공룡의 체온 조절 방식에 대한 논의를 위해 증인을 요청합니다. 증인은 파충류 학회의 장온혈 부회장님입니다.

증인 요청을 받아들이겠습니다.

악어가죽 가방을 든 50대 중반의 여성이 파충류 비늘로 된 신발을 신고 법정으로 들어왔다.

파충류는 어떤 동물입니까?

파충류의 몸은 비늘이나 갑으로 덮여 있고, 털이 없습니다. 알을 낳거나 새끼를 낳고, 태아는 포유류와 마찬가지로 양 막으로 쌓여 있습니다. 또한 지구상의 모든 대륙과 섬에서 살고 있으며 수명이 긴 편이라 일부 악어와 거북은 100년 이상 생존한다고 합니다.

 대부분의 파충류는 변온 동물로 알고 있습니다. 파충류는 변온 동물이 맞습니까?

 도마뱀, 뱀, 거북이, 악어 등 대부분의 파충류는 변온 동물이 맞습니다.

 파충류가 변온 동물이라는 증거가 있습니까?

 그전에 공룡에 대해 잠시 설명하겠습니다. 공룡의 식사량은 그 공룡의 몸무게로 추정합니다. 공룡의 몸무게를 안다면, 현재의 코끼리, 악어 등과 비교하여 공룡의 식사량을 예측, 계산해 볼 수 있지요. 예컨대 세이스모사우루스의 몸무게를 42~48톤으로 추정할 때, 항온성인 경우 하루에 약 480kg의 식물을 먹지 않으면 안 된다는 견해가 있습니다. 그러나 만약 변온성이라면 스스로 열을 만들어 낼 필요가 없으므로 하루 약 90kg의 식사량으로도 거뜬히 살아간다고 합니다. 이는 세이스모사우루스 몸무게의 1/4 이하인 아프리카 코끼리보다도 적은 식사량으로 살아가는 것이지요. 게다가 항온 동물은 체내 기관의 대사가 활발하므로 그만큼 삼장도 혈액을 힘차게 내보내지 않으면 안 됩니다. 반대로 변온 동물이라면 심장의 활동이 다소 약하더라도 생활할 수 있습니다. 몸무게가 같을 때 항온 동물의 대사량은 변온 동물의 6배 이상이지요. 이것은 심장의 크기와 관계가 있는데 아르젠티노사우루스가 변온 동물이었다면 심장의 크기는 지름 50cm정도면 충분했을 겁니다. 그러나 만약 항온 동물이었다면 심장이 지름 2m 정도는 돼야 온몸으로 혈액을 보낼 수 있었겠지요.

파충류의 대부분이 변온 동물이라고 하셨는데 변온 동물이 아닌 파충류도 있습니까?

파충류에 속하는 공룡은 변온 동물일수도, 항온 동물일수도 있습니다.

공룡은 변온과 항온의 성질을 모두 나타낸다는 말씀이십니까?

공룡이 정확하게 변온 동물 혹은 항온 동물이라고 말하기는 곤란합니다. 공룡의 특징을 살펴보면 변온 동물과 항온 동물의 특성을 복합적으로 가지고 있는 경우가 많기 때문입니다.

공룡의 어떤 점이 항온 동물의 특성입니까?

공룡이 변온 동물이라고 하기에는 움직임이 너무 활발합니다. 변온 동물들은 스스로 체온 조절을 하지 못하고 외부 환경에 맞춰 살아야 하기 때문에 활동성이 항온 동물보다 현격히 떨어집니다. 뱀이나 개구리가 겨울잠을 자는 것도 이런 이유에서입니다. 변온 동물이냐 항온 동물이냐에 따라 먹이의 양이나 장기의 크기 등 공룡의 생태에 대한 분석에 큰 차이가 날 수 있기 때문에 이 문제는 무엇보다 중요합니다. 공룡의 몸 구조가 민첩한 운동에 알맞고 공룡의 후손으로 알려진 조류가 항온 동물이라는 점 등을 근거로 항온 동물 설에 힘이 실리는 듯하지만 최근에는 공룡이 변온도 항온도 아닌 관성

항온성이라는 주장이 설득력을 얻고 있습니다.

 관성 항온성이란 무엇입니까?

 관성 항온성이란 원래는 변온성이지만, 동물의 몸집, 즉 부피가 너무 커서 온도 변화가 적기 때문에 항온성의 특징을 함께 보이는 것을 말합니다. 예를 들면, 욕조 속의 뜨거운 물이 찻잔 속의 물보다 천천히 식지요? 이것은 욕조 안 물의 부피가 찻잔 안 물의 부피보다 훨씬 커서 온도 변화도 그만큼 서서히 진행되는 것과 같습니다.

 증인의 변론을 통해 공룡은 파충류이지만 변온 동물인지 항온 동물인지 명확하게 단정 지을 수 없다는 것을 알았습니다. 따라서 모든 파충류가 변온 동물이라고 말한 피고 측 발언은 인정할 수 없습니다.

 공룡의 특징을 살펴보니 정말 변온 동물인지 항온 동물인지 명확히 구분할 수 없군요. 어쩌면 관성 항온성이라는 주장이 맞을지도 모르겠습니다. 그러나 공룡의 체온 조절 방식이 아직 확실히 밝혀지지 않았으므로 뭐라고 단정해서는 안 되겠군요. 이상으로 재판을 마치겠습니다.

재판이 끝난 후, 심한 악플로 김파충 씨에게 상처 주었던 많은 네티즌들이 김파충 씨에게 사과했다. 김파충 씨 역시 다음 방송에 나가 파충류와 공룡에 대한 제대로 된 정보를 알려 주었다. 떨지

않고 열심히 설명한 덕분에 김파충 씨는 순식간에 인기 검색어 1위

가 되면서 더욱 유명해졌다.

변온 동물

변온 동물을 다른 말로 냉혈 동물이라고도 한다. 파충류나 양서류 등과 같이 체온이 일정하지 않고,
외무 온도의 변동에 따라 체온이 변하는 동물을 일컫는다. 무척추동물 및 척추동물 중에서 어류·양
서류·파충류 등이 변온 동물에 속한다.

공룡도 두 발로 걷나요?

중생대에 이미 두 발로 걷는 동물이 있었다는 게 사실일까요?

한 호텔에서 공룡학회 세미나가 이틀 동안 열리게 되었다. 전국의 공룡 학자들은 이 세미나에 참석하기 위해 하나 둘씩 모여들었다.

호텔에 지금 막 도착한 김존심 씨는 만찬이 열리는 곳으로 향했고, 그중 한 무리가 있는 곳으로 갔다.

"이게 누구야? 김존심 아니야? 오랜만일세."

"아, 정말 오랜만이군. 다들 잘 지냈는가?"

"나야 잘 지냈지. 자네들 연구는 잘되고 있어?"

"말도 마시게. 요즘 하도 머리 아픈 일이 많아서 아예 접었네, 접었어. 그건 그렇고, 자넨 어쩨 더 젊어진 것 같아?"

"하하하, 그런가? 사실 요즘 헬스클럽 다니면서 몸 좀 만들고 있거든."

이런 김존심 씨의 말에 다들 눈이 휘둥그레졌다.

"밖에 나가서 잠깐 걷는 것도 싫어하던 양반이, 운동을? 게다가 몸을 만들어? 하하, 이 사람 많이 변했구려."

'당연히 변했지. 김존심이 누군데, 그깟 기생오라비처럼 생긴 김똘만이한테 질 수 있나? 그건 그렇고, 김똘만이 이 자식 왜 코빼기도 안 비치는 거야? 몸 자랑해야 하는데……'

김존심 씨는 김똘만 씨가 혹시 오지 않았는지 주위를 한번 쭉 둘러봤다. 그때 저 멀리서 김똘만 씨가 자신의 무리로 걸어오는 것을 보았다.

"이게 누구야? 김똘만!"

"다들 안녕하신가? 내가 좀 늦었구먼. 며칠 전에 개인 헬기를 구입해서 그걸 타고 오는데, 우리 집 비서가 아직 운전 미숙이라 늦었지 뭔가. 하하하!"

'뭐? 헬기? 언제 헬기를 구입한 거야? 저 자식이.'

"헬기 있으면 뭐 해? 똥차보다 못한데. 차라리 똥차 타고 오는 게 낫지."

새치름해진 김존심 씨는 김똘만 씨에게 먼저 화살을 날렸다.

"하하하, 그렇게 생각한다면 자네는 평~생 똥차나 타고 다니게

나. 그래, 헬기는 나 같은 사람한테나 어울리지 자네한테는 안 어울려."

"뭐? 이 사람이, 지금 나랑 해보겠다는 거야, 뭐야?"

"자자, 오랜만에 만났는데, 왜 그래? 흥분 가라앉히시고 우리 밥이나 먹자고."

김똘만 씨와 김존심 씨는 오래전부터 알고 지내던 친구였지만, 만나기만 하면 앙숙처럼 으르렁거리며 싸웠다. 이 때문에 주변 친구들은 둘의 싸움을 말리느라 항상 애를 먹곤 했다.

저녁 식사를 마친 김존심 씨는 바에 가서 술이나 한잔하고 가자는 친구들의 제의를 뿌리치고 얼른 자신의 룸으로 돌아왔다. 그리고는 들고 온 가방을 뒤져 노트북을 꺼내서 스위치를 켰다.

"검색창에 뭐라고 쳐야 하지? 헬기? 헬리콥터? 개인 전용 헬기? 음, 개인 전용 헬기를 한번 쳐 볼까?"

자신이 김똘만 씨에게 뒤처지고 있다고 생각한 김존심 씨는 김똘만 씨보다 더 좋은 헬기를 사야겠다고 마음먹고 인터넷 여기저기에 검색을 하기 시작했다. 하지만 생각만큼 쉽게 헬기를 구입할수 있는 사이트가 나오지 않았고, 점점 신경질이 나기 시작했다.

"헬기야, 내가 널 사 주겠다고. 그러니까 어서 나와. 헬기 너, 얼마야? 얼마면 되겠어? 에라이, 도저히 못 찾겠다. 그냥 지식인에다가 올려야겠다."

지식 in 고민 해결

저기요, 제가 헬기를 하나 구입하려고 하는데요, 어디서 구입해야 할까요?
인터넷을 다 뒤져도 도저히 답이 안 나와서요. 그리고 헬기 한 대 가격은 얼마 정
도일까요? 최대한 빨리 답해 주세요.

　　　　－ 학자님 －

김존심 씨가 글을 올리기 무섭게 댓글이 달리기 시작했다.

김사순 : 돈★★하네.

꼬북이 : 헬리콥터 말고…… 비행기 타고 가요~.

난 알아요 : 마트에 가면 헬리콥터 종류별로 많거든. 거기 가서 엄마한테 사
　　　　　　달라 그래. 초딩아~.

"뭐? 초딩? 이 자식 안 되겠네."

화가 난 김존심 씨는 밑에 댓글을 달았다.

학자님 : 초딩? 어린놈의 자식이, 어른한테 못하는 말이 없네?

초딩 : 어린놈의 자식? 듣는 초딩 기분 나쁘네, 진짜. 그쪽은 도대체 나이가
　　　얼마나 많기에?

학자님 : 먹을 만큼 먹었거든.

난 알아요: 그래, 나이 많이 먹어서 좋겠다. 나이 많은 것도 자랑이라고……

그러게: 나이를 먹었으면 나잇값을 해야지. 세상 말세다, 말세!

글 한번 올렸다가 본전도 못 건진 김존심 씨는 그냥 노트북을 꺼 버렸다.

'어쩌지? 그냥 똘만이 그 자식한테 물어봐? 안 돼지, 안 돼. 하늘이 무너져도 땅이 꺼져도 이 존심이가 똘만이 그 자식한테 물어볼 수는 없지.'

김존심 씨는 헬리콥터를 어떻게 구입해야 하는지 너무나 궁금했지만, 일단 참기로 하고 잠이 들었다.

그리고 다음 날, 본격적으로 세미나가 시작됐고, 모두들 세미나에 참석했다.

"오늘, 김똘만 씨께서 연구 논문을 발표하신다고 합니다."

"네, 여러분 안녕하십니까? 제가 지난 3년 동안 연구한 바에 의하면 최초로 두 발로 걷기 시작한 생물체는 신생대 때로 인류의 조상보다 앞섭니다."

그 순간 세미나장이 술렁거리기 시작했고, 이때다 싶었던 김존심 씨는 벌떡 일어서서 그 이전에도 두 발로 걷는 동물이 있었다고 말했다.

"그 이전에도 두 발로 걷는 동물이 있었다니, 그럼 그 동물이 어떤 동물인지 김존심 씨께서 직접 말씀해 주시겠어요?"

"……공룡입니다. 공룡은 두 발로 걸어 다녔어요."

"김존심 씨, 아무리 그래도 사적인 감정을 이렇게 세미나에서 드러내시면 안 돼죠, 아무리 제가 밉더라도 지금은 세미나 중입니다. 공적인 자리라고요. 그건 말도 안 돼는 억지입니다."

"억지는 내가 아니라 김똘만 씨께서 부리시는 것 같군요. 3년 동안 열심히 연구한 결과를 헛다리 짚은 꼴로 만들고 싶지 않은 욕심이랄까?"

그렇게 세미나장은 아수라장이 되었고, 몇 시간이 지나도 결론이 나지 않을 것처럼 보였다.

"네, 사회를 맡은 김뼁인데요, 저랑 약속된 시간은 2시간이었거든요. 거기다 2시간이나 더 지체됐으니 아무래도 이 문제는 여기서 결론이 나지는 않을 것 같군요. 지구법정으로 가서 해결하시기 바랍니다. 그럼 저는 다음 스케줄이 있어서 이만 가 보겠습니다."

사족 보행을 하는 공룡들이 무거운 체중을 네 개의 다리로 지탱하듯이 이족 보행을 하는 공룡들도 이족 보행을 하기에 적당한 몸의 형태를 갖추고 있었습니다.

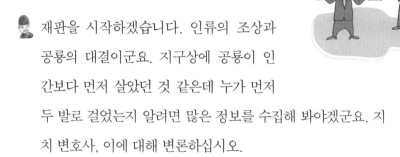

**인류보다 공룡이 먼저 두 발로 걸었다는
게 과연 사실일까요?**

지구법정에서 알아봅시다.

🚔 재판을 시작하겠습니다. 인류의 조상과
공룡의 대결이군요. 지구상에 공룡이 인
간보다 먼저 살았던 것 같은데 누가 먼저
두 발로 걸었는지 알려면 많은 정보를 수집해 봐야겠군요. 지
치 변호사, 이에 대해 변론하십시오.

👨‍⚖️ 공룡은 덩치가 너무 큽니다. 공룡은 자기의 큰 덩치조차 지탱
하기가 힘들었을 것으로 판단됩니다. 그러므로 두 다리로 선
다는 것 자체가 불가능하고 네 개의 다리에 힘을 주어 겨우
몸을 지탱했을 것입니다. 소나 말들이 왜 두발로 못 서는지
생각해 보십시오. 다리가 얇아 몸을 지탱할 만한 힘이 없어서
그런 게 아닐까요?

👮 소나 말이 다리에 힘이 없어서 두 발로 설 수 없는 건지는 잘
모르겠지만 어쨌든 몸집이 큰 공룡에게 몸을 지탱할 힘이 많
이 필요했을 것 같긴 하네요. 그렇다면 지치 변호사는 공룡이
모두 네 다리로 걷는 사족 보행을 했을 거라는 말씀이군요.

👨‍⚖️ 물론 익룡은 걸어 다니는 시간보다 날아다니는 시간이 훨씬
많았겠지요. 두 다리로 걷는 것보다 네 다리로 걷는 것이 진

화가 덜 된 동물들에게는 훨씬 편했을 겁니다.

어쓰 변호사는 지치 변호사의 의견에 동의합니까? 변론하십시오.

지치 변호사의 의견과 다릅니다. 공룡 중에는 지치 변호사의 주장처럼 네 다리로 걷는 공룡도 있었지만 두 다리로 걷거나 뛰어다니던 공룡도 있었습니다.

어떤 공룡들이 두 다리로 걸어 다녔습니까?

제가 그걸 어떻게 압니까? 대신에 10년간 공룡 분류학을 전공하신 과학 전문 대학교 공룡학과의 천걸음 교수님을 증인으로 모시고 공룡에 대한 자세한 설명을 듣겠습니다. 증인 요청을 받아 주십시오.

증인 요청을 허락합니다.

굵은 하체에 오리 궁둥이인 40대 후반의 남성이 뒤뚱뒤뚱 오리걸음으로 증인석까지 걸어 나왔다. 이를 지켜보던 법정 내의 사람들은 웃음을 참느라 한참을 애썼다.

공룡학과 수업은 잘하고 계시지요? 공룡들은 언제, 어떻게 생존했으며 보행 습관에 따라 어떻게 나눌 수 있습니까?

거대한 공룡들은 지금부터 약 2억 5천만 년 전부터 6천6백만 년 전에 걸쳐 중생대 동안 진화하고 번성했습니다. 공룡의 겉 모습이 도마뱀과 악어를 닮았다고 해서 공룡의 어원은 '무서운 도마뱀' 이라는 그리스어에서 유래되었습니다. 공룡을 분류하는 가장 중요한 기준은 골반 구조인데 도마뱀의 골반을 닮은 용반류와 새의 골반을 닮은 조반류로 분류합니다.

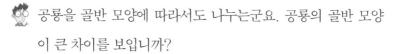 공룡을 골반 모양에 따라서도 나누는군요. 공룡의 골반 모양이 큰 차이를 보입니까?

용반류에는 목이 긴 초식 공룡들과 일부 육식 공룡들이 속해 있는데 이들은 치골이 앞쪽으로 뻗어 있어 쇄골과 함께 삼각형 구조를 이룹니다. 반면 주로 초식 공룡들로 이루어진 조반류는 치골이 좌골과 나란히 뒤쪽을 향해 뻗어 있지요.

그럼 이족 보행을 하는 공룡도 있습니까?

있습니다.

조반류와 용반류 중 어느 쪽이죠?

이족 보행을 하는 공룡에는 조반류도 있고 용반류도 있습니다.

그럼 공룡의 골반 모양과 보행 습성은 아무런 관계가 없나요?

그렇습니다. 다만 공룡에 관한 얘기를 하다 보니 주제와 상관 없는 내용까지 얘기한 것 같습니다.

그렇지는 않습니다. 많은 사람들이 조반류와 용반류의 차이를 알았으니까요. 그럼 이족 보행을 하는 공룡의 특징은 어떻습니까?

사족 보행을 하는 공룡들이 무거운 체중을 네 개의 다리로 지탱하듯이 이족 보행을 하는 공룡들도 이족 보행을 하기에 적당한 몸의 형태를 갖추고 있습니다.

구체적으로 어떤 공룡들이 이족 보행을 하는 대표적인 공룡이죠?

힙실로포돈을 들 수 있습니다. 이 공룡은 걸음걸이가 빠르고 민첩하게 움직일 수 있는 몸의 구조를 가졌습니다. 약 1.5m 체구의 초식 공룡인 힙실로포돈은 사슴처럼 모든 골격들이 날씬해 가벼운 체중을 유지하면서도 최대한의 강도를 갖도록 몸의 구조가 발달했습니다. 뼈 자체는 속이 비어 있고 넓적다리뼈는 매우 짧아 긴 정강이뼈와 발뼈를 빠르게 끌어당겨 앞으로 뻗을 수 있었습니다. 특별한 방어 무기가 없던 힙실로포돈은 적으로부터 도망치기 위해 긴 다리로 오랫동안 빠르게 뛰어야 했죠. 특히 몸과 머리가 수평이 되도록 유지하고 꼬리를 이리저리 휘두르면서 방향을 바꿔 적을 따돌렸습니다.

그 외에도 이족 보행을 하는 공룡들이 또 있었나요?

이족 보행을 했던 대표적인 공룡에는 콤프소그나투스, 벨로시랩터, 스피노사우루스, 드로마에오사우루스, 데이노니쿠스, 알로사우루스, 알베르토사우루스, 아크로칸토사우루스, 티라노사우루스 등이 있었습니다.

굉장히 많은 공룡들이 이족 보행을 했군요. 지금까지 중생대

의 공룡 중 일부가 신생대의 인류 조상보다 먼저 이족 보행을
했다는 것을 확인했습니다. 공룡의 보행 습성에 대해 제대로
알고 말한 김존심 씨에게 감정을 앞세워 말했다며 무안을 준
학회 회원들은 김존심 씨에게 정중히 사과해야 합니다.

공룡의 보행 습성은 생각보다 다양했군요. 앞으로도 공룡에
대해 많은 연구를 해 주시길 바랍니다. 공룡이 인류의 조상보
다 이족 보행을 먼저 시작했다는 사실에 의심의 여지가 없군
요. 김존심 씨의 주장이 옳다는 것을 인정해야겠습니다. 이상
으로 재판을 마치겠습니다.

재판이 끝난 후, 김존심 씨는 처음으로 자신이 김똘만 씨에게 이
겼다는 생각이 들자 매우 통쾌했다. 비록 헬기는 사지 않았지만 왠
지 모르게 마음이 편안해지는 느낌이었다.

조반류

조반류는 허리뼈의 배열이 새의 골반을 닮은 파충류의 한 무리로, 골반 아랫부분의 뼈가 긴 것이 특
징이다. 모두 초식성이며, 앞니 부분에 무리저럼 생긴 뼈가 발달해 있고, 뒤쪽의 이는 서로 붙어 있
어 나무나 풀을 뜯어 먹기에 적당하다.

공룡과 체체파리

수면병을 옮기는 체체파리가 정말로 공룡을 죽였을까요?

"공룡 개미 왜 이렇게 안 와?"

"아, 안 왔으면 좋겠다."

"얘들아, 선생님 모시러 갔다 올 테니까 다들 조용히 하고 있어."

"반장, 꼭 가야 돼? 그냥 가지 마라."

"빨리 갔다 올 테니까 다들 조용히 하고 있어."

반장은 선생님을 모시러 갔고, 한참 후에 반장과 함께 선생님이 교실로 들어왔다.

공룡 개미라는 별명은 가진 문학 선생님은 몸이 왜소하고 곱슬

머리에 언제나 안경을 낀 모습이었다. 하지만 공룡 개미 선생님의 가장 큰 특징은 항상 복면을 쓰고 다닌다는 점이었다. 유난히 부끄러움이 많은 공룡 개미 선생님은 대학생 시절 여자 친구에게 차인 충격으로 인해 항상 복면을 쓰고 다니게 된 것이었다.

그뿐만이 아니었다. 자신의 목소리를 남에게 들려주는 것이 부끄러웠던 공룡 개미 선생님은 항상 목소리 변조기를 가지고 다니면서 수업 시간에 그것을 사용해 수업을 진행했다. 이런 공룡 개미 선생님을 학생들은 우습게 여겼고, 놀림거리가 되기 일쑤였다.

"차렷, 경례."

"안녕하세요!"

"여러분, 내가 좀 늦었죠?"

"네, 선생님 왜 늦었어요?"

"복면 코디하느라 늦었지요?"

한 학생이 우스갯소리를 하자 교실은 순식간에 웃음바다가 되었다. 그러자 부끄러움이 많은 공룡 개미 선생님의 얼굴이 홍당무처럼 발개졌다.

"선생님, 얼굴 빨개졌어요."

"아, 그래요?"

"근데, 선생님은 왜 만날 복면을 쓰고 다녀요?"

"한 번만 선생님의 쌩얼을 공개해 주시면 안 될까요?"

"네, 저희 소원이에요."

"우리의 소원은 쌩얼 공개~ 꿈에도 소원은 쌩얼 공개~."

학생들은 공룡 개미 선생님을 볼 때마다 쌩얼을 공개해 달라고 요구했지만, 그때마다 선생님은 번번이 거절했다. 이렇게 해서 학생들은 단 한 번도 공룡 개미 선생님의 쌩얼을 본 적이 없었고, 심지어는 동료 선생님들조차 공룡 개미 선생님의 쌩얼을 본적이 없었다. 언제부터인가는 아예 보려고도 하지 않았다.

그러던 어느 날, 공룡 개미 선생님은 《공룡의 사랑》이라는 책을 출판했고, 예상 외로 이 책이 큰 인기를 얻게 되었다.

'네, 이 주의 베스트셀러 시간입니다. 이번 주에 가장 많이 팔린 책은 어떤 책인가요?"

"공룡 개미 씨의 《공룡의 사랑》이라는 책인데요, 복원된 한 육식 공룡이 인간을 사랑하게 되면서 이야기가 시작됩니다. 공룡은 인간을 사랑하게 되지만 마지막 부분에서 체체파리에 물려 영원히 잠들고, 인간과 공룡의 사랑은 결국 비극적인 결말을 맺게 됩니다."

"네, 그렇군요. 그런데 작가의 이름이 공룡 개미인가요?"

"맞습니다, 공룡 개미 씨는 현재 고등학교 교사인데요, 신인 작가는 아닙니다. 몇 년 전에 책을 한번 냈다가 쫄딱 망해서 문학계에서 먼지처럼 사라지는 줄로만 알았는데, 이번에 재기에 성공한 셈이죠."

"그렇군요, 공룡 개미라는 이름이 참 재미있네요. 참, 공룡 개미 씨께서 이번에 팬 사인회를 연다고 하시던데요?"

"네, 공룡 개미 씨께서 공룡 문고에서 팬 사인회를 가질 예정이라고 하니까, 공룡 개미 씨의 팬들은 한번 가 보는 것도 좋을 듯하네요."

그렇게 공룡 개미 선생님이 쓴 《공룡의 사랑》이라는 책은 나날이 인기를 더해 갔고, 어느새 100만 부를 돌파하게 되었다. 사람들은 만나기만 하면 《공룡의 사랑》에 대해 얘기하느라 시간 가는 줄을 몰랐다.

공룡 선생님의 팬 사인회가 예정된 날, 공룡 문고에서는 예정대로 팬 사인회가 열렸고, 많은 팬들은 물론 공룡 개미 선생님의 제자들도 선생님을 만나기 위해 공룡 문고에 찾아왔다.

"선생님, 축하 드려요. 근데 선생님, 또 복면 쓰고 오셨어요?"

"팬 사인회인데 너무해요."

"응, 그렇게 됐구나. 선생님이 부끄러움이 좀 많니?"

공룡 개미 선생님은 팬 사인회 날에도 어김없이 복면을 쓰고 나타났던 것이다. 공룡 개미 선생님을 보러 온 팬들은 복면을 쓴 그의 모습에 몹시 당황해 했다. 팬들은 복면을 쓰지 않은 공룡 개미 선생님의 얼굴이 궁금했지만, 아무도 공룡 개미 선생님에게 복면을 벗어 달라는 요구를 하지 못했다.

"엄마, 공룡 개미 아저씨, 대체 얼굴에 뭘 쓴 거야?"

"글쎄, 복면을 쓴 것 같은데?"

공룡 개미 아저씨를 유난히 좋아하던 한 어린아이는 공룡 개미 아저씨의 맨얼굴에 궁금증이 일었고, 자신이 사인받을 차례가 되자 호기심을 참지 못하고 아저씨에게 물었다.

"공룡 개미 아저씨, 아저씨 왜 복면 썼어요?"

"꼬마야, 아저씨가 감기에 걸렸거든. 꼬마한테 감기 옮으면 안 되잖아."

"나도 어차피 감기 걸렸는데, 한 번만 벗어 주면 안 돼요?"

"안 돼, 꼬마야."

"흥, 비싸게 군다 이거죠? 이렇게 만난 것도 인연인데, 그럼 사진이나 한 장 찍어 줘요."

꼬마가 공룡 개미 씨에게 사진을 찍어 달라고 요구했고 그는 복면을 쓴 채 사진을 찍을 수밖에 없었다.

"저것 봐, 복면 쓴 채로 사진을 찍어."

"그러게, 얼굴은 되게 못생겼나 봐. 히히."

여기저기서 사람들이 수군거리는 소리가 들렸지만, 공룡 개미 씨는 신경 쓰지 않기로 하고 계속 사인을 했다. 그렇게 한참 사인을 하고 있을 때, 갑자기 한 사람이 크게 소리치며 공룡 개미 씨에게 왔다.

"공룡 개미 씨, 당신이 사인회를 한다기에 직접 만나러 왔소. 이 책 내용이 제대로 됐다고 생각하시오?"

"네? 갑자기 그게 무슨……."

"내가 보기엔 이 책 내용이 영 엉터리 같거든. 복면 쓰고 있는 꼬

락서니 좀 봐. 그래, 내용이 엉터리니까 양심에 찔려서 얼굴이라도 가려야 했겠지."

"말씀이 무례하군요. 제가 보기엔 잘못된 내용이 하나도 없는데요."

"그래? 그러면 우리 지구법정에 가서 이 책 내용에 오류가 있는지, 없는지 한번 따져 보자고. 복면 쓴 개미 공룡 양반!"

공룡이 체체파리에 물려 수면병으로 괴로워하는 동안 면역 체계가 생겨 체체파리는 지금의 파충류와 공생 관계를 유지하고 있습니다.

체체파리에 물린 공룡은 과연
무사할까요?
지구법정에서 알아봅시다.

재판을 시작하겠습니다. 원고 측은 책 내
용이 엉터리라고 주장하는데 이에 대한
피고 측 변론을 들어 보겠습니다. 혹시 책
내용 중에 다소 엉뚱하다거나 사람들로부터 불만이 제기될
만한 내용이 있었습니까? 피고 측 변론하십시오.

아니오, 피고는 책을 쓰기 전에 사전에 조사를 마치고 사실만
을 토대로 집필했습니다. 책 중간중간 작가의 생각이나 의견
을 쓴 것 외에 내용을 지어내거나 거짓을 기록한 부분은 없습
니다. 특히 작가의 의견을 쓰기 전에는 항상 본인의 주관적인
견해임을 밝혔고요. 이번 사건은 원고의 착각이나 실수로밖
에 달리 설명할 수 없는데요. 원고 측은 이번 고소에 대해 다
시 한번 생각해 보시는 게 어떨까 합니다.

대단한 자신감이군요. 공룡에 대한 책을 쓸 정도이니 자신감
이 넘치시는 것 같습니다.

별명이 공룡 개미라고 하니, 오죽하겠습니까. 하하하!

그렇다면 피고의 책 내용 중 어떤 부분이 잘못되었다는 건지
원고 측의 변론을 들어 보겠습니다.

 피고의 책을 보면 복원된 한 육식 공룡이 인간을 사랑하게 되지만 결국 체체파리에 물려 영원히 잠든다는 내용입니다. 물론 체체파리가 수면병을 옮기는 것은 사실이지만, 체체파리에 물린 공룡은 잠드는 병에 걸리지 않습니다.

 공룡은 그 병에 걸리지 않는다고요? 어떻게 그럴 수 있지요?

 체체파리가 어떤 파리이며 공룡과는 무슨 관계가 있는지 알아보기 위해 증인을 모시고 자세한 설명드리겠습니다. 증인으로 아프리카 연구회의 강하군 회장님을 요청합니다.

아프리카의 뜨거운 햇살로 얼굴이 검게 그을린 50대 중반의 남성이 긴 창이 달린 모자를 쓰고 법정으로 들어섰다.

 굉장히 많이 탔군요. 원래의 피부색으로 돌아오려면 한참 걸리겠습니다. 그동안 아프리카에서 많은 연구를 하고 오셨겠군요. 좋은 결실 맺기를 바랍니다. 이번 사건에서는 아프리카에서 서식하고 있는 체체파리에 대한 설명을 듣고 싶은데요, 체체파리는 어떤 곤충이며 특징은 무엇입니까?

 계속 하품만 하고 줄곧 잠만 자는 사람들에게 보통 '체체파리한테 물렸냐?' 라고 말하곤 합니다. 파리라고 해서 별로 대수롭지 않게 생각하실 수도 있지만 세계 보건 기구의 보고에 따르면, 아프리카 일부 지역에서는 체체파리에 의한 사망률이 에이즈보다도 더 높은 것으로 나타나고 있습니다. 원주민어로 '소를 죽이는 파리'라는 뜻을 가진 체체파리에게 물리면 하루 종일 잠만 자는 수면병에 걸리게 되는데 고열, 두통, 관절통과 가려움 증세를 보이고, 만일 초기 단계에 발병 사실을 모르고 치료를 받지 않으면 신경계에 손상을 주는 2단계로 넘어가 나중에 치료를 받더라도 회복이 불가능한 상태가 된다고 합니다.

 체체파리는 어떻게 수면병을 옮기는 거지요?

체체파리가 동물의 피를 빨아 먹을 때, 잠자는 병에 걸리게 하는 트리파노소마라는 미생물을 침투시킵니다. 체체파리는 동물의 몸에 한 번 앉았다 하면 자기 몸무게의 3배 정도나 되는 피를 빠는 것으로 알려졌는데, 이렇게 대부분의 동물들이 체체파리에게 피를 빨리면 수면병에 걸려 죽고 맙니다. 이 트리파노소마라는 미생물은 공룡이 살았던 중생대부터 나타난 것으로 보이는데 재미있는 것은 공룡이 이 병으로 괴로워하는 동안 면역 체계가 생겨 지금의 파충류와는 공생 관계를 유지하고 있다는 점입니다. 당시 공룡이 물가를 자주 찾으면서도 평상시에는 건조 지역을 선호했던 이유도 이 기생충으로 인한 피부병을 피하기 위한 것으로 보입니다.

 면역 체계가 생긴 이후의 공룡은 체체파리에 물려도 수면병

에 걸리지 않았겠군요.

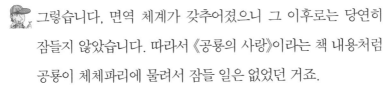

그렇습니다, 면역 체계가 갖추어졌으니 그 이후로는 당연히 잠들지 않았습니다. 따라서 《공룡의 사랑》이라는 책 내용처럼 공룡이 체체파리에 물려서 잠들 일은 없었던 거죠.

공룡을 비롯한 파충류들이 체체파리에 대한 면역 체계를 갖출 때까지 많은 파충류들의 희생이 있었겠군요. 마지막까지 책 내용에 이상이 없다고 우긴 피고는 공룡이 체체파리에 물려 잠들었다는 거짓 내용을 삭제할 것을 요청합니다.

책에 잘못된 사실이 실린 것으로 판명된 이상 가만히 지켜볼 수는 없습니다. 오류 부분을 삭제하거나 다른 내용으로 바꾸십시오. 아프리카의 한 지역에서는 체체파리에 의한 사망률이 에이즈보다도 더 높게 나올 만큼 체체파리가 무서운 곤충이라는 사실을 이 사건을 통해 알게 됐습니다. 아프리카를 여행하거나 다양한 목적으로 그곳에 방문하는 사람들은 이를 명심하고 항상 조심하십시오. 이상으로 재판을 마치겠습니다.

재판이 끝난 후, 자신의 책 내용 중에 사실과 다른 부분이 있어 아이들에게 교육적으로 도움이 되지 않는다는 것을 인정한 공룡 개미 선생님은 그 부분을 수정했다. 공룡 개미 선생님은 계속해서 책 집필을 열심히 했고 이번에는 내용에 오류도 없고, 전보다 더 흥미로운 공룡에 관한 시나리오를 써서 공룡 개미라는 이름을 널리 알렸다. 물론 공룡 개미 선생님의 쌩얼을 궁금해 하는 사람도 점점 늘어만 갔다.

 면역

몸속에 들어온 병원체에 대한 생체의 저항력을 증가시켜 병에 걸리지 않거나, 걸리더라도 가볍게 치르도록 하는 것을 면역이라고 한다.

공룡 화석과 돌멩이

공룡 화석이 발굴되는 곳에서 돌멩이가 발견되는 이유는 뭘까요?

"뿡뿡뿡~."

"그냥, 방귀로 아예 노래를 불러라 불러, 이놈아."

"흐흐흐!"

텔레비전 앞에 앉은 김먹보 씨는 아버지의 말에는 아랑곳하지 않고 두 손 가득 치킨을 들고 맛있게 먹었다.

"그거 치킨이냐?"

"네."

"맛있냐?"

"네……에."

김먹보 씨는 귀찮다는 듯 대답했고, 김먹보 씨의 아버지가 치킨 조각 하나를 집으려는 순간 재빨리 치킨 바구니를 집어 다른 손으로 옮겼다. 화가 난 김먹보 씨의 아버지는 김먹보 씨의 뒤통수를 강하게 후려치면서 말했다.

"이놈의 자식 끝까지 하나 먹어 보라는 말은 안 하지. 그렇게 치킨이 좋냐? 좋아? 그럼 너 아예 치킨이랑 살래? 제 아비한테 치킨 한 조각 주는 게 그렇게 아까워?"

"네."

그때 김먹보 씨의 엄마가 주방에서 일하다 말고 나와 김먹보 씨의 아버지에게 핀잔을 줬다.

"왜 그래, 당신. 왜 또 애를 잡고 그래. 쟤도 나이가 있는데, 애들이 보면 어떻게 생각하겠어?"

"열 살이고 백 살이고 말 안 들으면 맞아야지. 으흠!"

김먹보 씨는 몇 년 전 회사에서 쫓겨난 이후로 직업을 갖지 못하고 집에서 놀고 있었는데 먹보 씨의 아버지는 그런 아들을 못마땅하게 생각하고 있었다.

"여보, 우리 큰어머니 팔촌의 사돈의 사돈집 동생 회사에서 지금 사람을 구한다는데, 당신 생각 있어?"

"뭐, 뭐? 큰어머니의 사돈이 어쩌고 어쨌다고?"

"아니, 중요한 건 그게 아니잖아. 지금. 당신 쉬는 동안 다른 일도 해 보는 게 좋을 것 같아서."

"그래? 생각 좀 해 보고."

"생각해 보고 말고 할 게 어디 있어, 이놈아. 지금 네가 그런 거 가릴 처지야? 시켜 주면 고맙습니다, 해야지."

"당신 또 왜 그래? 먹보 애도 자존심이 있는데. 그런데서 일하고 싶겠어?"

"자존심이 밥 먹여 주냐? 자존심 따지면 애 평생 아무 일도 못 해. 알겠어? 그러니까 당장 나가."

먹보 씨는 그날 저녁 내내 고민을 하느라 잠도 못 자고 뒤척였다.

"당신, 내가 아까 한 말이 신경 쓰여서 그러는구나?"

"응? 응, 조금."

"당신이 싫으면 안 가도 돼. 그러니까 신경 쓰지 마."

다음 날, 먹보 씨는 잠에서 깨자마자 출근 준비를 했다.

"여보, 나 결정했어. 그 일 한번 해 볼래."

"정말? 괜찮겠어, 당신?"

"그럼, 내가 지금 뭘 가릴 처지야? 아버지 말씀이 맞는 것 같아. 내 생각이 짧았어. 나 이 일이라도 열심히 해 볼래."

그렇게 김먹보 씨는 첫 출근의 부푼 마음을 안고, 양복을 잘 차려입은 채 회사로 출근했다.

"저기요, 김판말 씨 소개받고 왔는데요."

"아, 그래요? 저기 잠깐만 앉아 계실래요?"

먹보 씨가 한 시간을 기다린 끝에 관계자가 나왔다.

"김먹보 씨? 따라오시겠어요?"

"네."

관계자는 김먹보 씨에게 작업복을 하나 던져 주었다.

"갈아입어요."

"네? 아, 네."

김먹보 씨는 내키지 않았지만 작업복을 갈아입으러 들어갔다.

'이게 뭐야? 김먹보, 참 못났다, 못났어.'

작업복을 다 갈아입고 나온 김먹보 씨는 관계자와 함께 커다란 창고로 가게 됐다.

"여기가 어디죠?"

"아, 여기가 김먹보 씨가 일할 장소예요."

김먹보 씨는 자신이 기대했던 것과 너무 다른 환경에 조금 당황했지만, 열심히 하겠다고 큰소리치고 나온 터라 마음을 다잡기로 했다.

'그래, 김먹보. 네가 지금 이런저런 일 가릴 처지야? 시켜 주면 고맙다고 넙죽 절이라도 해야지. 누가 너한테 옷 주고 작업실을 주겠어? 그래, 나한텐 과분하다고 생각하자.'

"김먹보 씨, 이 안에 뭐가 있는지 아세요?"

"글쎄요, 제가 그걸 알았다면 벌써 길바닥에 돗자리 깔았죠."

"하하, 이 안엔 공룡 화석이 있어요. 이 공룡 화석은 어마어마한 가치가 있기 때문에 김먹보 씨의 임무가 막중해요. 만약 화석을 분

실이라도 하는 날엔 해고는 물론이고 분실한 만큼의 배상과 법적
책임까지 져야 하니 각오를 단단히 하세요."

"아, 네."

"지난번에 일하던 사람도 공룡 화석을 분실하는 바람에 아직까
지 교도소 신세를 지고 있어요. 그러니까 김먹보 씨도 굳게 마음먹
고 책임감 있게 일하세요."

관계자는 첫날부터 김먹보 씨에게 겁을 줬고, 김먹보 씨는 교도
소라는 말에 잔뜩 겁을 집어먹었다.

그날 저녁 회사에서는 김먹보 씨의 첫 출근을 기념하기 위한 회
식 자리를 마련했다. 그러나 김먹보 씨는 낮에 동료에게 들었던 말
이 신경 쓰여 도저히 그 자리에 있을 수가 없었다.

'공룡 화석을 분실이라도 하는 날엔……'

김먹보 씨는 집에 일이 있다는 핑계를 대고 그 자리에서 빠져나
와 공룡 화석 창고로 향했다. 그리고 밤새도록 공룡 화석을 지키기
로 마음먹었다.

"여보, 안 와?"

"응, 오늘 일이 많아서…… 야근해야 돼."

"그래? 당신이 좋아하는 닭찜 해 놨는데. 어쨌든 우리 남편 열심
히네. 자기야, 파이팅!"

두 눈을 부릅뜨고 공룡 화석을 지키던 먹보 씨는 슬슬 잠이 왔
고, 집에서 자신을 기다리고 있을 닭찜도 떠올랐지만 굳게 참으면

서 하룻밤을 지샜다.

다음 날, 관계자가 공룡 화석을 점검하러 왔다가 화석 위에 놓인 돌멩이를 발견했다.

"김먹보 씨, 이 돌멩이들은 뭐죠?"

"글쎄요, 저는 모르는 일인데요?"

"제가 이 화석들은 매우 가치가 높다고 말씀 드렸을 텐데요. 첫 날부터 이런 장난을 치시다니, 도저히 참을 수가 없군요. 그냥 우리 계약은 없던 걸로 하고 그만 집으로 돌아가 주세요."

"그게 무슨 말씀이세요? 전 정말 안 그랬다고요."

"그럼 귀신이 와서 장난이라도 쳤단 말이에요?"

"그건 잘 모르겠지만…… 아무튼 제가 한 일이 아니라고요, 너무 억울해요. 당장 지구법정에 고소하겠어요."

이렇게 해서 김먹보 씨는 자신의 억울한 사연을 풀어 달라며 지구법정에 의뢰했다.

과학공화국
지구법정 7

공룡의 위석은 공룡의 위 속에서 소화 작용을 원활히 하도록 도와주는 돌을 말하는데, 돌들이 초식 공룡의 먹이인 식물과 부딪히면서 으깨져서 영양분을 좀 더 빠르게 흡수시키는 역할을 합니다.

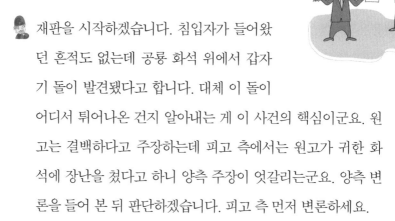

여기는 지구법정

공룡 화석 위에 놓인 돌멩이는 어디서 나온 것일까요?

지구법정에서 알아봅시다.

재판을 시작하겠습니다. 침입자가 들어왔던 흔적도 없는데 공룡 화석 위에서 갑자기 돌이 발견됐다고 합니다. 대체 이 돌이 어디서 튀어나온 건지 알아내는 게 이 사건의 핵심이군요. 원고는 결백하다고 주장하는데 피고 측에서는 원고가 귀한 화석에 장난을 쳤다고 하니 양측 주장이 엇갈리는군요. 양측 변론을 들어 본 뒤 판단하겠습니다. 피고 측 먼저 변론하세요.

원고는 분명히 밤을 새워 공룡 화석을 지켰다고 합니다. 야근까지 하면서 공룡 화석이 있는 창고를 지켰다면서 돌의 정체를 모른다니요. 원고가 장난을 친 게 아니면 뭐겠습니까?

원고가 돌로 장난을 쳤다는 명백한 증거가 있는 것도 아닌데 함부로 말하는 건 삼가 주십시오. 혹시 처음부터 공룡 화석 근처에 돌멩이가 있었던 것은 아닐까요?

글쎄요, 공룡 화석에 돌이 같이 붙어 다닐 일이 뭐가 있겠어요? 공룡이 공기놀이를 하는 것도 아닐 텐데 말이죠. 하하하!

그렇다고 무조건 몰아붙일 일만은 아닌 것 같군요. 원고 측은 결백을 주장할 만한 증거가 있는지 들어 봐야겠군요. 원고 측

변론하십시오.

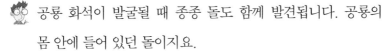 공룡 화석이 발굴될 때 종종 돌도 함께 발견됩니다. 공룡의

몸 안에 들어 있던 돌이지요.

공룡과 함께 돌이 발견되는 이유가 뭡니까?

공룡의 몸 안에서 돌멩이가 발견되는 이유는 무엇이며 공룡

의 소화 과정은 어땠는지, 10년 동안 공룡 연구에만 몰두하신

강폭식 박사님을 증인으로 모시고 자세한 설명 듣겠습니다.

증인은 증인석으로 나오십시오.

허리춤을 배까지 끌어올리고 바짓단이 복사뼈에서

10cm나 올라간 바지를 입은 40대 후반의 남성이 음

식을 쉴 새 없이 입안에 넣으면서 증인석으로 가 앉

았다.

공룡 화석이 발굴될 때 돌멩이가 함께 발견되는 이유는 무엇

입니까? 그 돌멩이도 공룡이 살았던 당시의 돌멩이인가요?

그것은 공룡의 몸속, 즉 공룡의 위에 들어 있던 돌멩이일 확

률이 높습니다. 이러한 것을 위석이라고 부르며, 위석을 가장

많이 먹었던 공룡 중 하나는 초식 공룡인 뇌룡이었습니다.

공룡이 돌을 먹는 이유는 무엇입니까? 돌멩이에 뭔가 특별한

성분이라도 있나요?

특별한 돌은 아니고요, 아무 돌이나 막 먹는 겁니다. 공룡의 이빨은 원뿔 모양의 단순한 구조로 되어 있어서 먹이를 제대로 씹을 수가 없었습니다. 그래서 공룡의 소화 작용을 도와줄 위석이 필요했던 거지요. 위석이란 위 속에서 소화 작용을 원활히 하도록 도와주는 돌을 말하는데, 돌들이 초식 공룡의 먹이인 식물과 부딪히면서 으깨지고 걸쭉한 죽으로 만들어 영양분을 좀 더 빠르게 흡수시키는 역할을 합니다. 결국 돌멩이가 공룡의 위 속에서 어금니 역할을 한 것이지요.

 공룡에게 있어 돌멩이가 굉장히 중요한 역할을 했군요. 돌멩이가 없었다면 공룡들은 배탈이 많이 났겠어요. 하하하! 그런데 공룡은 위석을 어느 정도 먹었습니까?

 공룡의 위 속에서 위석은 식물들과 부딪히면서 닳게 되는데 많이 닳아서 위석의 크기가 작아지면 공룡은 또 돌멩이를 먹습니다. 우리가 동물원에서 종종 보는 악어 역시 돌을 삼키는 동물 중 하나입니다.

 악어도 소화하기가 힘든가 보군요. 하하하! 어쨌든 공룡 위에 있던 돌멩이는 누군가 침입했거나 원고가 장난으로 올려놓은 것이 아니라 공룡의 위 속에 있던 위석이라는 것이 밝혀졌습니다. 위석도 공룡 연구에 있어서는 매우 소중한 자료였군요. 원고의 결백이 증명되었으므로 관계자는 김먹보 씨를 다시 채용할 것을 요청합니다.

 공룡을 연구하는 자료로 쓰일 수 있는 위석을 아무렇게나 굴러다니는 돌로 여기고 버릴 뻔했군요. 오히려 관계자는 원고를 고맙게 생각해야겠습니다. 또한 회사는 해고한 원고를 다시 복직시켜 주고 정신적인 피해에 대해서도 보상해 주십시오. 힘들게 법정에까지 서서 본인의 억울함을 푼 원고는 앞으로 더욱 자신의 일에 자부심을 갖고 열심히 일하도록 하십시오. 이상으로 재판을 마치겠습니다.

재판이 끝난 후, 공룡 화석 위에 있던 돌멩이의 출처를 확인한 회사 측은 김먹보 씨에게 사과했다. 그리고 김먹보 씨에게 복직 허가와 함께 보상을 해 주었다. 다시 복직된 김먹보 씨는 자신이 대단한 업무를 맡고 있다고 자부하며 열심히 공룡 화석을 지켰다.

공룡류

공룡류란 중생대에 땅 위에서 번성한 파충류의 한 무리를 일컫는 말이다. 일반적으로 긴 목과 큰 꼬리를 가지고 있고, 분류학상으로는 골반 형태에 따라 용반목과 조반목으로 나뉜다.

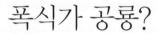

폭식가 공룡?

공룡은 정말 먹을 것이 없어서 사라진 걸까요?

"얘, 개똥아, 그러니까 인터넷 검색창에 원하는 걸 치기만 하면 모든 게 나온다 이거지?"

"네, 할아버지 인터넷 처음 해 봐요? 뭐 할 건데요? 제가 해 드릴까요?"

"아, 아니다. 너 숙제 있다면서? 안 나가냐?"

"맞다, 숙제 해야지 참!"

김순수 씨는 낮에 친구들과의 모임에서 인터넷으로도 복권을 살수 있다는 얘기를 들었다.

"이놈의 할아범, 학자라는 사람이 우리보다 더 무식하다니까."

"뭐? 인터넷으로도 복권을 살 수 있다고?"

"그렇다니까. 이 할아범 오늘 당장 집에 가자마자 복권 사느라고 밤새는 거 아니야? 하하하!"

"밤을 새긴, 난 바빠서 그럴 시간 없어. 이 영감탱이들아!"

김순수 씨는 겉으로는 아니라면서 큰소리 치고 왔지만, 집으로 돌아오자마자 다른 일은 제쳐 두고 컴퓨터 앞에 앉았던 것이다.

"다들 자겠지? 그럼 슬슬 시작해 볼까? 그러니까 저기다가 검색어를 치기만 하면 된다 이거지?"

김순수 씨가 검색창에 '복권'이라는 단어를 막 치려는 찰나, 김순수 씨의 아내가 방문을 열고 들어왔고, 화들짝 놀란 그는 의자에서 넘어졌다.

"당신 안 자?"

"어이쿠, 이 할망구. 들어올 때는 노크를 해야지!"

"왜 그렇게 놀라고 그래?"

"나 논문 때문에 봐야 할 자료들이 있으니까 당신 먼저 자."

"그러시구려, 그럼."

그렇게 혼자 남은 김순수 씨는 독수리 타법으로 키보드를 열심히 두들기면서 복권을 구매할 수 있는 사이트를 찾았다.

"회원 가입? 이런 것쯤이야."

김순수 씨는 독수리 타법으로 회원 정보를 매워 나갔다.

"결제? 어라? 이놈들 봐라. 무슨 복권이 이렇게 비싸? 그래 복권

사러 가기도 귀찮은데 그냥 한번 사지 뭐!"

김순수 씨가 휴대 전화로 결제 버튼을 누르고 창밖을 보자 어느새 날이 밝아 오고 있었다. 순수 씨는 그제야 잠자리에 들 수 있었다.

그리고 다음 날, 김순수 씨의 손자가 친구와 함께 컴퓨터를 하기 위해서 책상 앞에 앉았다.

"어, 이게 뭐야?"

"누가 복권을 샀나 봐. 검색어에 남아 있잖아."

"그러게, 뺀질이 이 자식이 샀나? 엄마한테 당장 일러야지."

그날 저녁 뺀질이 엄마는 뺀질이를 추궁하기 시작했다.

"바른대로 말해. 이 자식이 이제는 싸움질도 모자라서 겁도 없이 집에서 복권을 사?"

"나 아니래도? 왜 그래요, 정말!"

"네가 아니면 누가 복권을 사겠니? 형이 샀겠니, 그렇다고 아빠가 샀겠니?"

"무슨 일이냐, 어멈아."

"글쎄, 뺀질이 얘가 집에서 복권을 샀지 뭐예요. 하라는 공부는 안 하고. 속상해요 정말, 아버님!"

"너 이 녀석, 한 번만 더 그러면 그땐 이 할아비한테 혼난다. 쟤 나이 때는 그럴 수도 있으니까 어미 네가 한번만 봐줘."

"난 아니라니까. 할아버지까지 왜 그러세요? 전 정말 억울하다고요."

　김순수 씨는 괜히 잘못도 없는 손자가 어멈에게 혼나자 양심이
조금 찔리긴 했지만, 한편으로는 뺀질이가 모든 걸 뒤집어쓰는 덕
분에 다행이라는 생각이 들었다.

　다음 날, 논문을 쓰기 위해 서재에 앉은 김순수 씨는 어제 산 복
권이 다시 생각났다.

　"다들 잠들었나? 마지막으로 한 번만 더 사 볼까?"

　김순수 씨는 또다시 복권 사이트로 들어갔다.

　"휴대 전화 결제, 완료."

　김순수 씨가 휴대 전화 결제를 누르자 즉시 휴대 전화로 결제 알
림 문자가 갔고 안방에 있던 김순수 씨의 아내는 그의 휴대 전화
문자를 보게 됐다.

　"문자가 왔네. 이 시간에 영감탱이한테 문자도 다 오고, 누구지?
뭐야? 이거. 복권 결제 알림? 그럼 범인이 이 영감탱이였어?"

　이 문자를 보고 어이가 없어진 김순수 씨의 아내는 당장 서재로
달려가 문을 슬며시 열었다.

　"어머, 당신 지금 뭐 하는 거야?"

　김순수 씨는 너무 당황해서 밖으로 줄행랑쳤지만 그의 아내는
남편을 바짝 뒤따라갔다.

　"당신, 뺀질이한테 미안하지도 않아? 그 나이 때는 그럴 수도 있
다고? 나 참, 말이나 못하면 밉지나 않지. 당신 이제부터 서재에 출

입 금지야. 내일부터는 방 안에만 틀어박혀서 논문 준비나 열심히 해. 알겠어? 서재 근처에 얼씬거리기만 해 봐. 온 동네에 다 소문 내 버릴 테니까."

아내에게 들킨 김순수 씨는 다음 날부터 꼼짝없이 방 안에만 갇혀서 논문 준비를 할 수밖에 없었다.

"엄마, 무슨 책을 그렇게 들어다가 날라요?"

"응, 네 아빠 논문 쓸 책."

"아빠더러 서재로 오셔서 쓰라고 그러지. 괜히 엄마 무겁게."

"그럴 일이 있어."

김순수 씨는 그렇게 몇 달 동안 방 안에 갇혀서 논문만 썼고, 몇 달 후에 공룡의 멸종 원인에 관한 논문을 발표하게 됐다.

"이번에 공룡의 멸종 원인에 대해 논문을 쓰신 김순수 씨를 모셨습니다. 박사님은 공룡의 멸종 원인을 어떻게 보십니까?"

"공룡의 큰 덩치만 봐도 알 수 있는 것처럼 공룡은 음식을 보는 대로 먹어 치우는 습성이 있습니다. 그런데 이 공룡들이 너무 많이 먹다 보니까 지구에 더 이상 먹을 게 없어져서 결국 굶어 죽게 된 거지요."

"네, 그렇군요. 그런데 박사님의 논문에 대한 파장이 큰 만큼 박사님 의견에 반박하는 분들도 많으신데요, 의견 들어 보겠습니다."

"공룡이 폭식가라는 건 잘못된 말입니다. 공룡은 덩치에 비해서

적게 먹는 동물입니다. 그렇기 때문에 먹을 게 없어서 멸종됐다는 건 헛소리에 불과합니다."

"허허, 뭔가 잘 모르고 하시는 말씀 같은데요. 먹는 양은 동물의 몸집에 비례합니다. 그러니까 공룡이 폭식가였다는 말은 헛소리가 아니라는 거지요."

"박사님의 명성과 위상에 대해서는 익히 들어 잘 알고 있지만, 그러한 이유로 잘못된 학설까지 사실로 인정하는 학계를 더 이상 지켜보고 있을 수만은 없군요."

"그래서 뭐? 어쩌겠다는 말씀이십니까? 내 학설을 뒤집을 근거라도 찾았다는 말씀이십니까? 그럼 어디 내봐 보시든지요."

"생각보다 뻔뻔하시군요. 박사님을 지구법정에 고소하겠어요. 그래서 박사님의 학설이 잘못됐다는 걸 직접 증명해 보이지요."

과학자들은 공룡의 멸종설 가운데 운석 충돌에 의해
공룡이 멸종했을 가능성을 가장 크게 보고 있습니다.

공룡 멸종의 원인이 공룡의 어마어마
한 식성 때문일까요?
지구법정에서 알아봅시다.

🧑‍⚖️ 재판을 시작하겠습니다. 이번 사건의 핵
심은 몸집이 거대한 공룡의 식사량을 알
아야 결론을 내릴 수 있겠군요. 공룡의 거
구를 유지하기 위해서라도 어느 정도는 먹어 줘야 할 것 같은
데…… 피고 측 변론하십시오.

🧑‍💼 판사님 말씀처럼 공룡의 큰 몸을 유지하기 위해서는 먹는 양
도 엄청날 것으로 추측됩니다. 동물들은 덩치에 비례해 식사
량이 정해집니다. 특히 공룡은 음식을 보는 대로 먹어 치우는
습성이 있어 지구에 더 이상 공룡의 먹잇감이 남지 않아 결국
멸종하게 된 것입니다. 먹잇감이 없는데 살아남는 게 더 이상
한 일 아닌가요?

🧑‍⚖️ 그럴까요? 현재 지구상에는 코끼리, 돼지, 하마같이 덩치 큰
동물들도 아직 많이 살고 있는데요, 이들도 엄청난 양을 먹을
텐데 아직 별 문제가 없잖습니까? 그건 어떻게 설명하실 건
가요?

🧑‍💼 아이참, 판사님도. 그건 사람들이 일부러 동물들에게 먹이를
주기 위해 따로 재배하는 거잖아요. 식량을 공급해 주는 사람

들이 없었다면 공룡처럼 이미 멸종했을지도 모르죠. 공룡이
살던 옛날 옛적에는 식량을 공급해 주는 사람이 없었답니다.
하하하!

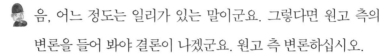 음, 어느 정도는 일리가 있는 말이군요. 그렇다면 원고 측의
변론을 들어 봐야 결론이 나겠군요. 원고 측 변론하십시오.

공룡이 정말 아무거나 보이는 대로 먹었을까요? 절대 그렇지
않습니다. 공룡은 먹을 양만큼만 적당히 먹었다고 합니다. 공
룡의 식습관에 대해 알아보기 위해 공룡에 대한 논문을 20편
이나 집필하신 한덩치 박사님을 증인으로 모셨습니다. 증인
요청을 받아 주십시오.

증인 요청을 허락합니다.

큰 키에 떡 벌어진 어깨의 40대 초반의 남성이 양손
에 빵을 들고 허기진 표정으로 앉아 있었다.

한참을 기다리시느라 수고하셨습니다. 공룡의 먹성이 어느
정도였는지 알고 싶은데요. 공룡의 식사량은 어느 정도 됐습
니까?

체중이 7톤 정도 나가는 티라노사우루스는 하루에 80kg쯤 먹
었을 것으로 추정됩니다. 80kg이 어느 정도 분량인지 감이 오
지 않는 분들이 있을 텐데요, 티라노사우루스와 체중이 비슷

한 7톤이 나가는 코끼리의 경우 하루에 200kg을 먹었고, 0.15톤인 사자는 6kg 정도를 먹는다고 합니다. 이에 비하면 티라노사우루스의 식사량은 많은 것이 아니지요. 브론토사우루스라는 공룡은 몸무게가 35톤이나 나갔는데 하루 동안 450kg을 먹었다고 합니다.

공룡이 절대 많이 먹었다고 할 수 없겠군요. 오히려 코끼리나 사자가 공룡에 비해 엄청난 양을 먹네요. 그럼 공룡은 폭식가도 아닌데 왜 멸종한 걸까요?

공룡의 멸종설 가운데 공룡이 식성이 좋아서 멸종했다는 가능성은 매우 적습니다. 공룡의 멸종설로는 크게 세 가지가 있습니다. 하나는 거대한 소행성이 지구에 충돌해 공룡이 멸종했다는 운석 충돌설이 있고, 또 하나는 그 당시에 빙하기가 와서 지구의 온도가 급격히 낮아져 공룡이 얼어 죽었다는 기온 저하설이 있습니다. 다른 하나는 당시 화산의 활동이 너무 심해 지구의 대기가 화산에서 나온 연기로 가득 차 많은 동식물들이 멸종했다는 화산 활동설이 있습니다. 그런데 과학자들은 이 가운데서 운석 충돌에 의해 공룡이 멸종했을 가능성을 가장 크게 보고 있다고 합니다.

적당히 먹는 공룡을 무식한 폭식가로 전락시킬 뻔했군요. 공룡은 비교적 식사량이 많지 않으므로 먹잇감 부족으로 멸종했을 가능성은 희박한 것으로 보입니다. 원고의 논문은 전혀 검증되지 않은 사실을 싣고 있으므로 당장 폐기시켜야 합니다.

지금까지의 변론을 들어 본 결과 공룡의 폭식으로 인한 먹잇감 부족으로 멸망했다고 볼 수는 없겠군요. 공룡의 멸종 원인은 다시 찾아봐야겠습니다. 피고의 논문은 인정할 수 없으므로 논문 주제는 다른 방향으로 정하는 것이 좋겠습니다. 이상으로 재판을 마치겠습니다.

재판을 통해 논문 내용에 오류가 있다는 것이 밝혀지자 김순수 박사는 좌절했다. 좌절하는 김순수 박사를 지켜보던 김순수 씨의 아내는 남편에게 가끔은 인터넷으로 복권을 사도 좋다는 내용의 쪽지를 남겼다.

운석 충돌설

여러 공룡 멸종설 중 가장 가능성이 많은 것이 운석 충돌설(소행성 충돌설)이다. 운석 충돌설은 에베레스트산보다 더 큰 소행성이 지구에 떨어졌다는 설이다. 이로 인해 엄청난 폭발 에너지와 함께 대량의 먼지가 지상 40km까지 올라가 햇빛을 차단함으로써 지구는 해가 뜨지 않는 날을 수년 간 보내게 되고 결국 생물들이 얼어 죽자 먹잇감이 없어진 공룡들이 굶주림을 이기지 못하고 멸종되었다는 설이다.

티라노사우루스와의 팔씨름

인간과 티라노사우루스가 팔씨름을 하면 누가 이길까요?

"야, 거기 너!"

"저, 저, 저요?"

"그래, 너 말고 여기 또 누가 있냐? 형들한테로 한번 와 볼래?"

"왜요?"

"어쭈, 조금만 게 겁도 없이 형들 말에 물음표를 달아?"

'아유, 또야? 어제도 걸렸는데…….'

"너 돈 좀 있으면 형들한테 빌려 주지 않을래?"

"저 돈 없는데요."

"너한테 말꼬리 달라고 물어본 게 아니거든?"

"형들 주먹 되게 맵다. 매운 주먹 맛보기 전에 좋은 말로 할 때 내놓는 게 좋을걸."

"저…… 어제도 다른 형들한테 뺏겼단 말이에요."

"그건 네가 운이 없어서 그런 걸 어쩌겠냐?"

"그건 우리들이 알 바 아니니까 얼른 내놓기나 해."

"없어요, 없어. 그러니까 살리든지 죽이든지 마음대로 하세요."

너무 약해 보여서 골목길을 지나갈 때마다 밥 먹듯이 돈을 뺏기던 김비실은 이번에는 돈을 절대로 뺏기지 않겠다는 일념하에 팬티 속에 돈을 꽁꽁 감춰 뒀다.

"그래? 그럼 너 몸 뒤져서 한 푼이라도 나오면 10원에 천 대다."

불량배들은 비실이의 몸 여기저기를 뒤지기 시작했다.

"신발 벗어 봐. 깔창."

"없잖아? 너 오늘 운 되게 좋은 줄 알아라. 응?"

비실이가 살았다는 표정을 지으며 막 돌아서려는 순간, 그중 한 명이 비실이를 다시 불러 세웠다.

"잠깐, 너 이리 와 봐. 팬티도 봤어?"

"아니, 혹시…… 어디 봐. 어라, 이놈 봐라. 우리를 속여?"

"그건 차비란 말이에요."

"차비고 뭐고, 너 혼나고 싶냐?"

"야, 얘는 명태 말린 것처럼 삐쩍 말라서, 한 대 치면 바로 쓰러지겠는데? 때릴 데도 없네. 뭐. 어쨌든 너 오늘 진짜 운 좋은 줄 알아라. 우리한테 걸려서 한 대도 안 맞고 멀쩡하게 돌아가는 사람은 아마 너밖에 없을 거다."

그렇게 비실이는 차비를 모두 빼앗긴 채, 한 시간을 넘게 걸어 어둑어둑해질 쯤에야 겨우 집에 도착할 수 있었다.

"비실이 너, 왜 이렇게 늦었어? 너 혹시 오늘도 돈 뺏긴 거야?"

"엉엉엉. 엄마, 엉엉엉."

"왜 만날 너야? 응? 그러게 엄마가 골목으로 다니지 말라 그랬지?"

"골목으로 안 다녔단 말이야. 엉엉."

"안 되겠다. 너 내일부터 엄마랑 헬스장도 다니고, 복싱도 배우러 다니자."

비실이가 하루도 빠짐없이 불량배들에게 걸려 돈을 뺏기고 오자, 속상해진 비실이 부모님은 다음 날부터 비실이에게 운동을 시키기로 했다.

"무슨 일이십니까?"

"애, 복싱 좀 시키려고요."

"네? 애 같은 몸이면…… 한 대만 맞아도 바로 즉…… 사…… 할 수도 있는데…… 그래도 가르치시겠습니까?"

"네, 복싱 못 배울 바에야 차라리 죽는 게 나아요. 그러니까 잘 좀 부탁드릴게요."

다음 날부터 비실이는 죽자 살자 운동에 매달렸고, 학교, 체육관, 집만을 오가는 생활을 계속했다.

그러던 어느 날, 비실이가 혼자서 골목길을 가고 있는데, 예전에 만났던 불량배와 마주치게 됐다.

'요 녀석들, 잘 걸렸다. 오늘은 본때를 보여 줘야지.'

"야, 꼬마야. 이리로 와 볼래?"

비실이는 두말없이 불량배들에게로 갔다.

"어, 이게 누구야? 바짝 말린 명태 대가리 아니야? 형들 알지?"

"오늘은 입 아프게 두세 마디 안 한다. 그냥 자동적으로 팬티에서 돈 꺼내서 이 앞에다가 헌납해."

비실이는 주머니에서 돈을 꺼내어 불량배의 손 위에 놓는 시늉을 했고, 불량배가 돈을 움켜쥐려는 순간, 그놈의 팔목을 꺾어 돌렸다.

"으악악~ 이 명태 대가리가 죽고 싶어서 환장했나?"

옆에 있던 불량배가 비실이를 때리려 하자, 비실이는 그의 급소를 빠르게 공격해 한 번에 쓰러뜨렸다.

"으악, 명태 귀신이다. 빨리 도망가자."

불량배들은 그대로 줄행랑쳤고, 비실이는 흐뭇한 마음에 집으로 돌아갔다.

'전국 팔씨름 대회? 텔레비전으로 생방송된다고? 내가 여기에 나가면…… 애들도 내가 힘이 세다는 걸 자연스럽게 알게 될 테

고, 나를 괴롭히던 놈들도 더 이상 나를 괴롭히지 않겠지? 바로 이
거야!'

비실이는 집 앞에 붙어 있는 전국 팔씨름 대회 포스터를 보고 당
장 참가 신청했고 결국 결승전까지 올라가게 됐다.

"네, 김비실 선수, 바짝 마른 몸과는 달리 괴력의 힘을 발휘하고
있는데요, 과연 결승전에서도 승리할 수 있을까요?"

"준비, 시~작!"

호루라기 소리와 동시에 비실이는 상대편의 손목을 단번에 꺾
었다.

"네, 이건 인간 승리입니다. 김비실 씨의 소감을 한번 들어 볼까
요? 지금 기분이 어떠세요?"

"네, 정말 날아갈 것 같습니다. 지금 티라노사우루스가 와서 팔
씨름을 하자고 해도 이길 수 있을 것 같습니다."

이 방송은 전국의 공중파를 타고 방영되었고, 이것을 본 공사모
(공룡을 사랑하는 모임) 회원들은 분개하여 급기야 김비실 씨의 집으
로 항의 전화를 걸었다.

"우린 공사모 회원들이오, 티라노사우루스를 무시했던 발언을
당장 취소하시오."

"뭐라고요? 전 티라노사우루스와 팔씨름을 해도 이길 자신이 있
다고요."

"이런, 명태 대가리 같은 녀석이 감히 티라노사우루스를 이길 수

있다고? 천하장사 강호둥도 티라노사우루스한테는 지는데, 너 같은 건 밟히면 흔적도 없이 사라져."

"아저씨, 말씀이 너무 심하신 거 아니에요? 저 명태 대가리 맞는데요, 그래도 팔 힘만큼은 티라노사우루스 일억 마리 부럽지 않다고요."

"이 명태 대가리 같은 자식이 그래도 정신을 못 차리네. 내가 비실비실한 네 몸을 봐서 이렇게까지는 안 하려고 했는데, 계속 이런 식으로 나오면 지구법정으로 갈 수밖에 없어."

"마음대로 하세요. 흥!"

티라노사우루스는 거대한 체구에 비해 앞다리가 매우 빈약한 편이어서
티라노사우루스가 활동하는 데 큰 역할을 했을 가능성이 적습니다.

김비실 선수가 티라노사우루스와의
팔씨름에서 이길 수 있을까요?
지구법정에서 알아봅시다.

재판을 시작하겠습니다. 티라노사우루스
와 사람이 팔씨름을 하면 누가 이길까 하
는 황당한 사건이 접수되었군요. 비록 한
번도 생각해 보지 않은 당황스러운 사건이지만 지금부터 양
측의 변론을 통해 판결을 내려 보겠습니다. 먼저 원고 측 변
론을 들어 보겠습니다.

지금 공룡을 사랑하는 모임인 공사모에서는 울분을 터뜨리고
있습니다. 도대체 무슨 배짱으로 공룡과 팔씨름을 한다는 건
지는 모르겠지만 닭이나 고양이도 아닌 티라노사우루스를 이
긴다니 이거 참 웃음밖에 안 나오는군요. 티라노사우루스는
몸무게가 7톤에 이르는 무시무시한 공룡인데 너무 무시하는
것 아닙니까?

집채만 한 공룡을 어린 피고가 팔씨름으로 이긴다니 쉽게 인
정할 수는 없군요. 이에 대한 피고 측의 의견은 어떤지 변론
을 들어 보겠습니다. 피고 측 변론해 주십시오.

티라노사우루스는 엄청난 덩치의 거대한 공룡입니다. 이 공룡
의 특징을 안다면 티라노사우루스와 김비실 선수의 팔씨름 결

과에 대해서도 예측할 수 있을 텐데요. 티라노사우루스에 대
해 알려 주실 공룡 화석 수집가 위대한 씨를 모셔서 자세한 설
명을 들어 보도록 하지요. 증인 요청을 받아 주십시오.

 증인 요청을 허락합니다. 증인은 증인석으로 나와 주십시오.

수염을 덥수룩하게 기르고 모자를 푹 눌러쓴 40대
후반쯤으로 보이는 남성이 증인석에 앉았다. 그가 자
리에 앉자 주변으로 은은한 흙냄새가 풍겼다.

 요즘에도 여전히 연구에 몰두하시는 듯 보입니다. 티라노사
우루스의 특징에 대해 말씀해 주셨으면 하는데요. 티라노사
우루스는 어떤 공룡인가요?

티라노사우루스는 백악기 후기에 아시아의 몽골, 북아메리카
의 앨버타, 몬태나, 텍사스 등지에서 활동하던 공룡으로서 거
대한 육식 공룡입니다.

 티라노사우루스의 신체적인 특징이나 생김새는 어떻습니까?

폭군, 파충류의 제왕이란 뜻을 가진 티라노사우루스는 티라
노사우루스 렉스라는 정식 이름으로 불리고 있습니다. 티라
노사우루스는 보통 몸길이가 12m 정도이고 머리는 1.4m 정
도이며 강력한 턱은 15cm의 날카로운 이빨로 무장되어 있
습니다.

몸집이 거대한 만큼 많은 동물들을 잡아먹었겠군요.

 어떤 과학자들은 티라노사우루스가 몸집이 너무 커서 속도가 느리기 때문에 살아 있는 동물을 사냥하기에는 역부족이었을 거라고 추측합니다. 티라노사우루스가 먹잇감으로 살아 있는 동물 대신에 죽은 동물을 먹었을 거라는 얘기가 나오는 것도 이러한 이유 때문이지요. 반면 어떤 과학자들은 티라노사우루스가 단거리 정도는 빠르게 뛸 수 있는 활발한 사냥꾼이었을 것이라고 예측합니다. 이렇듯 티라노사우루스에 관해 명확히 밝혀지지 않은 몇 가지 사항이 있는데 그중 대표적인 것이 바로 작은 앞다리의 역할입니다. 전체 몸길이가 12m~15m인 것에 비해 앞다리는 70cm밖에 되지 않아 인간 어른의 팔 길이와 비슷한 정도입니다.

 몸에 비해 팔은 굉장히 짧군요. 그렇게 짧은 팔로 무엇을 합니까?

 몇 가지 추측이 나오고 있는데요. 도망가는 먹이를 잡는 갈고리 역할이나 이빨을 쑤시는 이쑤시개 역할을 했을 거라는 학설 등이 있습니다. 또한 티라노사우루스가 땅에 엎드려 있다가 몸을 일으켜 세울 때 이 앞다리를 사용했을 것으로 여겨지기도 합니다. 이처럼 빈약한 티라노사우루스의 앞다리가 큰 역할을 했을 거라고 생각되지는 않습니다. 때문에 사람과 몸무게가 7톤이나 나가는 티라노사우루스가 팔씨름을 해도 막

상막하였을 가능성이 높습니다.

거대한 몸집에 비해 매우 작은 앞다리군요. 티라노사우루스 앞다리의 역할을 정확히 알아내려면 더욱 연구에 전념하셔야겠습니다. 어쨌든 티라노사우루스는 몸에 비해 앞다리가 매우 짧으므로 팔씨름에는 별로 소질이 없었을 것 같군요. 하하하!

티라노사우루스의 팔이 몸에 비해 비정상적으로 짧다는 것이 증인을 통해 증명되었습니다. 하지만 그렇다고 거구인 티라노사우루스가 인간과 팔씨름을 해서 반드시 질 거라는 논리는 비약이 심한 것 같습니다. 그러므로 김비실 군은 공사모에게 사과하기를 바랍니다.

재판 후, 김비실 군은 자신의 홈페이지에 본의 아니게 티라노사우루스를 무시하게 된 점에 대해 사과했다. 그리고 김비실 군도 공사모에 가입해 회원들과 함께 여러 가지 공룡 모형을 모으는 데 힘썼다.

 나노티라누스

나노티라누스는 티라노사우루스와 비슷하게 생겼지만 몸집이 작은 공룡으로 몸길이가 5m 정도이다. 그래서 흔히 '작은 티라노'라고 불린다.

티라노사우루스와 죽은 고기

공룡 중의 공룡 티라노사우루스는 정말 죽은 고기만 먹었을까요?

"좋아 가는 거야! 웩웩."

"야, 김빈둥 괜찮아?"

"괜찮아, 괜찮아. 우리 2차 가자. 고고!"

"쟤 정말 저렇게 데려가도 되는 거야?"

"그러니까, 그냥 집에 데려다 줄까?"

"빈둥아, 너 진짜 많이 취한 것 같아. 그냥 집에 가자. 응?"

"골목대장 빈둥이를 뭘로 보고 빈둥이, 빈둥이, 빈둥이."

김빈둥은 골목대장 마빡이처럼 자기 머리를 마구 때리기 시작했

고, 친구들은 그런 김빈둥을 말리느라 진땀을 뺐다.

"아, 알았어. 집에 가라고 안 할 테니까 그만해."

그제야 머리 때리기를 멈춘 김빈둥은 누가 듣든 말든 상관없이 크게 노래를 부르기 시작했다.

"사나이로 어이, 태어나서 어이, 할 일도 많다만 어이, 어이, 어이, 왜 나한테는 아무도 일을 안 시켜 주냔 말이야!"

"아유, 창피해. 나 너 모른 척 좀 해도 되겠냐."

"에이, 그냥 모른 척하면서 가야겠다."

사람들은 큰 소리로 자신의 신세를 한탄하며 노래를 부르는 김빈둥을 모두 쳐다봤고, 친구들은 그런 빈둥이가 창피한 나머지 모르는 체하며 멀리 떨어져서 걸어갔다. 그렇게 김빈둥과 친구들은 새벽까지 부어라, 마셔라 술을 마셨고 새벽 5시가 돼서야 각자 집으로 들어갔다. 술에 취해 비몽사몽으로 집 앞까지 온 김빈둥은 그제야 정신이 들기 시작했다.

'지금이 5시니까, 이제 들어가면 난 아빠한테 죽은 목숨인데, 어쩌지?'

빈둥이의 아버지는 엄격한 사람이었는데, 대학을 졸업하고도 취직을 못해서 빈둥거리고 있는 빈둥이를 평소에 못마땅하게 여기고 있었다.

빈둥이가 집에 들어가야 할지 말아야 할지 한참을 망설이고 있을 때 갑자기 대문이 열리면서 빈둥이의 아빠가 걸어 나왔고, 망설이고 있는 빈둥이와 정면으로 마주쳤다.

"너 이 녀석!"

'아, 어쩌지? 여기서 걸리면 끝장인데.'

"아버지, 안녕히 주무셨습니까? 저는 아침 일찍 일어나 도서관으로 가는 중입니다. 아버지는 신문 가지러 나오셨나 봐요. 하하하, 하하하! 그럼 저는 이만 도서관으로 가 보겠습니다."

신문을 가지러 나온 아빠와 정면으로 마주친 빈둥이는 도망치다시피 하면서 얼른 집을 빠져나왔다.

"아, 속도 안 좋은데 어디로 가지? 안 되겠다. 공원이나 가서 앉아 있어야지."

동네 공원으로 간 빈둥이는 전날 술을 너무 많이 마셔서 속이 좋지 않았고, 아예 벤치에 드러누워서 속을 달래고 있었다. 그러다가 아빠가 출근할 시간이 됐을 즈음 집으로 들어갔다. 아들이 들어오기만을 기다리고 있던 빈둥이의 엄마는 빈둥이가 들어오자마자 야단칠 작정이었으나 빈둥이의 옷 여기저기에 묻어 있는 토사물과 다 죽어가는 듯한 얼굴을 하고 있는 빈둥이를 보자 어이가 없기도 하고 안쓰럽기도 해서 아무 말도 할 수가 없었다.

"엄마, 저 너무 아파서 죽겠거든요? 그러니까 제발 나중에 혼내세요. 네, 네?"

엄마에게 그렇게 말하고 곧장 방으로 들어간 빈둥이는 옷만 벗어던진 채 침대에 드러누웠다. 잠시 뒤 빈둥이 엄마는 해장에 좋은 국과 음식들을 가져와 아들에게 먹였지만, 빈둥이는 계속 오바이

트만 해 댔다.

"참, 살다 살다 별꼴을 다 보겠네. 하라는 취직은 안 하고 만날 술만 퍼마시고 다니니, 얘가 대체 누굴 닮아서 이래?"

힘이 없던 빈둥이는 한마디 대꾸도 못한 채 듣고 있을 수밖에 없었다. 그러다가 공룡 TV에서 용가리 프로그램이 할 시간이 되자, 아픈 것도 불사하고 텔레비전 앞으로 가 앉았다.

"어이구, 아픈데도 그놈의 텔레비전은 눈에 들어오냐?"

빈둥이는 그런 엄마의 핀잔에는 아랑곳하지 않고 텔레비전에만 집중했다.

"안녕하세요? 오늘 용가리 프로그램에선 어떤 공룡이 주인공인가요?"

"네, 오늘의 주인공은 티라노사우루스인데요, 다들 화면 보시죠. 그럼 다 같이 외쳐 볼까요? 화면 큐!"

텔레비전에는 티라노사우루스가 등장해 다른 공룡을 재빠르게 쫓더니 단숨에 잡아먹는 장면이 나왔다. 하지만 이 장면을 본 빈둥이는 이상한 생각이 들었다.

'티라노사우루스는 죽은 고기만 먹었는데? 저건 엉터리야. 인터넷 시청자 코너에 올려야겠어.'

이런 생각이 든 빈둥이는 당장 용가리 홈페이지에 들어가 시청자 코너에 항의 글을 올렸다.

오늘 방송된 장면에서 티라노사우루스가 살아 있는 다른 공룡을 잡아먹는 장면이 나왔는데요. 티라노사우루스는 죽은 고기만 먹었기 때문에 그런 일은 있을 수 없습니다.

시간이 조금 흐른 뒤 방송 관계자에 의해 이 글에 대한 리플이 달렸다.

"티라노사우루스가 죽은 고기만 먹었다니요? 댁이 티라노사우루스가 죽은 고기만 먹었는지, 살아 있는 동물만 잡아 먹었는지 어떻게 알아요? 티라노사우루스랑 친하기라도 한가 봐요? 그리고 티라노사우루스도 공룡인데, 신선한 고기가 먹고 싶겠지 퀴퀴한 냄새가 나는 죽은 고기가 먹고 싶었겠어요? 그러니까 우리 프로그램에 시비 걸지 말아요. 알겠어요?"

이 댓글은 읽은 빈둥이는 어안이 벙벙해졌다. 빈둥이는 분한 마음을 참지 못하고 이번에는 용가리 프로그램 관계자에게 전화를 걸었다.

"네, 용가리 프로그램입니다."

"저기요, 아까 방송 보고 전화 드리는 건데요, 티라노사우루스가 살아 있는 공룡을 쫓아가서 잡아먹는 장면 있잖아요, 그건 좀 잘못된 것 같은데요?"

"아, 혹시 홈페이지에 글 올리신 분이세요?"

"네, 맞아요."

"저기요, 홈페이지에 충분히 답변 드린 것 같은데요? 티라노사우루스가 죽은 고기를 먹었든 살아 있는 동물을 잡아 먹었든 그건 그쪽이 신경 쓸 일이 아니에요. 그쪽 앞가림이나 잘하세요, 네?"

"말이 너무 심한 거 아닌가요? 난 용가리 프로그램을 즐겨 보는 애청자란 말이에요."

"어쨌든, 난 더 이상 할 말 없으니 전화 끊겠어요."

"이 사람이 시청자를 뭘로 보고…… 지구법정에 의뢰해서 티라노사우루스가 죽은 고기만 먹었다는 사실을 당장 밝혀내겠어. 당신들의 무지함을 내가 반드시 폭로할 테니, 긴장해요!"

티라노사우루스는 거대한 몸집과 사나운 이빨에 반해 뜀뛰기에 적합한 체형이 아니었기 때문에 사냥이 어려워 죽은 고기만 먹고 살았을 가능성이 많습니다.

티라노사우루스는 정말 죽은 고기만 먹었을까요?
지구법정에서 알아봅시다.

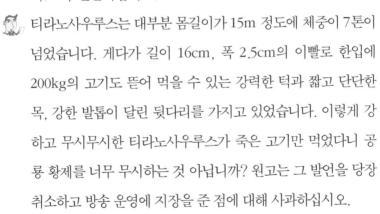

재판을 시작하겠습니다. 공룡 중에서도 몸집이나 성격상으로 절대 밀리지 않을 것 같은 티라노사우루스에 대한 공방이 벌어졌군요. 티라노사우루스는 식성도 좋았을 것 같은데요, 이 사건에서는 티라노사우루스가 죽은 고기만 먹었느냐 아니면, 살아 있는 동물도 사냥해서 먹잇감을 구했느냐가 관건이겠군요. 양측 변호사의 변론을 들어 보고 판단하겠습니다. 피고 측 변론하십시오.

티라노사우루스는 대부분 몸길이가 15m 정도에 체중이 7톤이 넘었습니다. 게다가 길이 16cm, 폭 2.5cm의 이빨로 한입에 200kg의 고기도 뜯어 먹을 수 있는 강력한 턱과 짧고 단단한 목, 강한 발톱이 달린 뒷다리를 가지고 있었습니다. 이렇게 강하고 무시무시한 티라노사우루스가 죽은 고기만 먹었다니 공룡 황제를 너무 무시하는 것 아닙니까? 원고는 그 발언을 당장 취소하고 방송 운영에 지장을 준 점에 대해 사과하십시오.

티라노사우루스가 죽은 고기는 절대 먹지 않았다는 주장이군요.

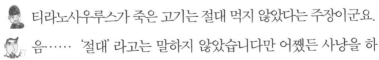

음…… '절대'라고는 말하지 않았습니다만 어쨌든 사냥을 하

지 않고 죽은 고기만 먹었다는 것은 공룡 황제로서 말이 되지 않습니다. 티라노사우루스는 죽은 고기만 먹지 않고 활발한 사냥을 통해 먹잇감을 구했을 것입니다.

피고 측의 주장은 티라노사우루스가 굉장히 크고 강력한 공룡으로서 직접 사냥을 했다는 주장이군요. 피고 측의 주장에 대해 원고 측의 의견은 어떤지 들어 보겠습니다.

덩치가 엄청 크고 성질이 사납더라도 능력이 안 되면 죽은 고기만 먹을 수밖에 없었겠지요. 티라노사우루스는 한마디로 마음만큼 몸이 따라가지 못한 공룡이었습니다.

그렇다면 정말 티라노사우루스가 죽은 고기만 먹었다는 겁니까?

티라노사우루스의 체형 구조와 특성이 사냥하는데 얼마나 적합한지를 알면 쉽게 답을 얻을 수 있겠지요. 공룡의 체형 특성을 통해 그들이 어떻게 살아갔는지를 연구하시는 세계 공룡 박물관의 거대한 소장님을 증인으로 모셔서 구체적인 설명을 들어 보겠습니다.

딱딱한 공룡 화석을 연구하는 사람 같지 않게 따뜻하고 자상한 인상을 가진, 키가 크고 어깨가 넓은 40대 후반으로 보이는 남성이 깨끗한 정장을 차려입고 법정에 들어섰다.

 공룡의 황제라고 불리는 티라노사우루스에 대해 몇 가지 여쭤 보겠습니다. 티라노사우루스는 몸집이 굉장히 크고 사나운 이빨과 강한 힘을 가졌다고 들었는데, 실제로는 어떤 공룡이었습니까?

 이미 우리에게 잘 알려진 티라노사우루스는 공룡 가운데서도 아마 가장 강력한 공룡일 것입니다. 짧고 뭉툭한 앞다리와 거대한 머리통을 지니고 있어 대형 육식 공룡 중에서도 가장 눈에 띄는 무시무시한 공룡이지요. 실제로 티라노사우루스의 골격은 굉장했는데 입으로 사람을 통째로 삼킬 수 있을 만큼 엄청났으며 아래위 턱뼈는 두꺼운 힘줄로 연결되어 있어 거의 90cm 폭으로 벌릴 수 있었습니다. 그 입 안에는 스테이크를 썰어 먹을 수 있을 만큼 날카로운 이빨이 60여 개나 솟아 있었습니다. 그러나 이렇게 거대한 육식 공룡에게도 불리한 점은 있었습니다.

 불리한 점이라면 혹시 먹잇감에 관한 것입니까?

 그렇다고 할 수 있습니다. 티라노사우루스는 몸집의 무게 중심이 비대칭적이어서 몸의 균형을 잡기가 어려웠던 것으로 보입니다. 생물체가 달리기 위해서 두 발은 땅에서 떨어져야 하는데, 체중이 7톤이 넘는 티라노사우루스가 뛰기 위해서는 체중의 80% 이상이 뒷다리 근육에 모여 있어야 합니다. 하지만 티라노사우루스의 몸에는 빠른 속도를 내는 데 필요한 충분한 근육이 들어갈 만한 공간이 없었습니다. 따라서 먹이를 사냥하기 위한 빠른 속력의 뜀박질은 불가능했다고 추측됩니다. 만일에 달릴 수 있었다고 해도 거대한 몸집으로 인해 넘어지기라도 하면 생명이 위태로울 정도였습니다.

 하지만 그건 어디까지나 추측 아닌가요?

그렇습니다. 티라노사우루스의 몸이 너무 크고 살아 있는 동물을 사냥하기에는 느리다는 점 때문에 죽은 동물만 먹었을 것이라고 추측하는 것이지요.

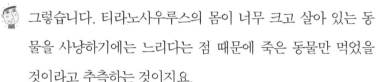 티라노사우루스의 거대한 몸집과 사나운 이빨을 보면 분명 사냥에 유리하다고 생각할 수 있지만 실제로 뜀뛰기에 적합한 체형이 아니었기 때문에 사냥이 어려워 죽은 고기만 먹고 살았다는 추측이 가능합니다. 방송은 한두 명이 아닌 많은 시청자들이 시청함으로써 정보를 얻는 매체이므로 이번 경우 일어날 수 있는 모든 가능성에 대해 알려 줄 필요가 있다고 생각합니다.

티라노사우루스가 죽은 고기만 먹고 살았을 것이라는 원고 측의 주장이 일리가 있어 보이지만 원고 측에서 제시한 증거만으로는 어떠한 결론도 내릴 수 없습니다. 그저 가설 정도로만 받아들일 수 있을 뿐이지요. 하지만 나름대로의 과학적 근거가 있다고 판단되므로 방송국에서는 티라노사우루스가 직접 사냥을 하지 못했을 가능성에 대해서 시청자들에게 알리

는 것으로 이번 사건을 마무리하겠습니다.

재판이 끝난 후, 용가리 프로그램 측에서는 지난 방송에 대한 해명 자막을 띄웠다. 자막에는 '티라노사우루스는 사냥 능력이 없다는 설도 있지만 본 방송은 티라노사우루스가 사냥 능력이 있다는 전제하에 만들어졌다' 라는 내용이 적혀 있었다.

 골격

골격은 동물의 체형을 이루고 몸을 지탱하는 뼈의 조직으로 근육이 붙어 있으므로 운동 기능을 한다. 또한 내장 기관을 보호하며, 머리뼈와 척추가 중심을 이루고, 팔다리뼈와 이어지는 형태를 띤다.

공룡이 느림보라고요?

빠르게 뛰어다니는 공룡이 있었다는 게 사실일까요?

"선배는 이번 화이트 데이 때 여자 친구한테 갔다
면서요?"

"어, 어떻게 알았어?"

"저 모르는 거 없잖아요. 다 아는 수가 있어요."

"아, 애들이 그랬지? 갈려고 했는데, 못 갔어."

"왜요? 선배 여자 친구 공부하느라 힘들 텐데 가서 위로 좀 해
주지요."

"사실 좀 그렇다."

"왜요?"

"괜히 과 커플 한 것 같다. 진작 깨졌어야 했는데 너무 오래 끌었어."

"그럼 깨지면 되잖아요?"

"그게 말처럼 쉬우면 벌써 깨졌지. 한잔하자 우리."

짠~.

"넌, 요즘 남자 친구한테 자주 전화 오냐? 1541로 와도 받아 주고 그래라."

"예전에 1541로 전화하기에 하지 말라고 그랬거든요? 그랬더니 요즘엔 그냥 전화로 오더라고요."

"너도 진짜 못됐다."

"네, 저 원래 못됐어요. 하하하!"

"우리 서로 소개팅시켜 줄래? 넌 나한테 소개팅시켜 주고, 나는 너한테 소개팅시켜 주고. 서로서로."

한심 양은 갑자기 멍해졌다.

"소개팅? 진짜요? 진짜? 진짜죠?"

"어, 진짜."

"근데 선배는 저 누구 소개시켜 줄 건데요?"

"동물학과에 아는 친구가 있는데, 키도 크고 얼굴도 잘생겼어. 인기도 많고."

"와우, 좋은데요?"

"너는 어떤 애 소개시켜 줄 건데?"

"저는 생물학과 친구요. 얼굴도 예쁘고 되게 착해요. 근데, 이거 절대 비밀인 거 알죠?"

"당연하지. 이 사실이 알려지면 우린 둘 다 과에서 생매장될걸."

한심 양은 김룡 선배와 이 사실을 절대 비밀에 부치겠다는 약속을 하고 서로 소개팅을 해 주기로 했다.

"안녕하세요? 저는 공룡학과에 다니는 한심이에요."

"네, 저는 동물학과에 다니는 김야수라고 합니다."

한심 양은 김룡 선배의 소개로 김야수 씨와의 소개팅을 성공리에 마쳤다. 김야수 씨도 한심 양을 마음에 들어 했지만, 얼마 뒤 한심 양에게 남자 친구가 있다는 사실을 알게 되자 배신감에 치를 떨며 김룡에게 따졌다.

"한심 양한테 남자 친구가 있다던데, 사실이야?"

"어? 그게, 있잖아."

"네가 어떻게 나한테 이럴 수가 있어? 남자 친구 있는 여자를 소개시켜 줘? 너 다시 봤다, 김룡! 우리 다시는 아는 척하지 말자."

한심 양을 김야수 씨에게 소개한 김룡 씨는 그 이후 김야수 씨를 봐도 아는 척하지 않았다.

그렇게 세월은 흘러 김야수 씨는 유명한 동물 박사가 되었고, 김룡 씨는 저명한 공룡 박사가 되었다. 그러던 어느 날 김야수 씨와 김룡 씨가 TV 간담회에 동시에 출연하게 되었다.

"네, 오늘 이 자리에 동물 박사 김야수 씨와 공룡 박사 김룡 씨를 모셨습니다. 안녕하세요? 두 분 서로 인사 나누시죠."

"인사는 무슨, 저런 얍삽한 사람하고는 인사하고 싶지 않아요."

"나도 저 사람처럼 밴댕이에다가 소갈딱지 없는 사람이랑은 말도 섞고 싶지 않으니 사회자 양반, 대충 인사했다 치고 넘어갑시다."

사회자는 뭔가 이상하다는 생각이 들었지만 적당히 넘어가기로 했다.

"본격적인 토론에 들어가기에 앞서 어색한 분위기도 풀 겸 박사님들 대학 시절 얘기 좀 듣고 싶은데요. 재미있는 에피소드가 있으시면 말씀해 주시지요."

"에피소드? 에피소드라고 하면 에피소드라고 할 수 있는 아주 안 좋은 기억이 하나 있긴 하지요. 글쎄, 친한 친구 녀석이 나한테 거짓말을 하고 남자 친구 있는 여자를 소개시켜 준 거예요. 저는 나중에 그 사실을 알고 너무 황당해서 친구한테 물었더니, 도리어 자기가 잘했다면서 화를 내지 뭐예요? 사회자 양반도 이런 일을 당하면 황당하겠죠?"

"아니야, 잘했다면서 화를 내진 않았어."

김야수 씨의 얘기를 가만 듣고 있던 김룡 씨가 갑자기 소리쳤고, 당황한 사회자는 얼른 말을 돌렸다.

"아, 그러셨군요. 그러면 공룡 박사님은 재미있는 에피소드 없으셨나요?"

"글쎄, 난 별로 생각나는 게 없는데……."

"없긴 왜 없어! 어디 그때처럼 뻔뻔하게 큰 소리 한번 쳐 보시지!"

이번에는 가만히 듣고 있던 김야수 씨가 화를 내며 큰 소리쳤다. 또다시 당황한 사회자가 이번에도 재빠르게 화제를 돌렸다.

"그건 그렇고, 동물 박사님께서는 공룡들에 대해서 어떤 생각을 갖고 계신지요?"

"동물들 중에는 재빠르고 순발력 있는 동물들이 많아요. 반면 공룡들은 모두 느림보예요. 그게 바로 공룡의 한계죠."

"지금 무슨 소리를 하시는 겁니까? 공룡이 느림보라니요? 공룡들 중에는 시속 80km가 넘는 것들도 있어요. 동물 박사님이야말로 속도와 관련해서 뭔가 콤플렉스가 있는 것 아닌가요?"

"뭐? 콤플렉스? 나같이 완벽한 사람에게 콤플렉스 따윈 없어."

"쳇, 대학교 체육대회 때 400m 계주 하다가 휘청거려서 넘어졌잖아. 그 탓에 동물학과가 꼴등했었지, 아마? 그날 이후로 유난히 스피드에 집착했던 거고."

"뭐? 이 사람이 어디 한번 해보자 이거야, 지금? 넌 키가 하도 작아서 계주 선수로도 못 나갔잖아. 그렇다고 일주일 동안 삐져서 말도 안하고. 안 그래?"

두 사람의 언성이 높아지면서 녹화장은 엉망이 됐고, 당황한 사회자는 수습을 하느라 정신이 없었다.

"두 분, 침착하시고요. 김야수 박사님, 아까 공룡이 느림보라고 하셨는데요, 근거가 있는 얘긴가요?"

"나 참, 이제 사회자 양반까지 나를 의심하는 겁니까? 사회자 양반 인상을 보아하니 딱 공룡 상인 게 공룡 편 들 줄 알았어. 사회자 양반이 공룡 편이든 아니든 공룡은 모두 느림보야."

"이 사람이 끝까지 억지 부리네. 공룡은 절대 느림보가 아니야!"

"아무리 공룡 학자라도 인정할 건 인정해야지, 예전부터 억지 부리는 데는 따라올 사람이 없더니 아직도 저러네."

"지금 누가 누구한테 할 말인데, 아유 답답해. 도저히 안 되겠어. 우리 지구법정에 가서 해결하자고."

공룡의 빠르기에 대해 단정할 수는 없지만 몇몇 공룡들의 빠르기는 굉장했습니다. 공룡 가운데 매우 빠른 편에 속하는 오르니토미무스는 시속 80km의 속력으로 달렸습니다.

공룡은 모두 느림보일까요?
지구법정에서 알아봅시다.

🧑‍⚖️ 재판을 시작하겠습니다. 두 사람의 감정
싸움이 법정으로까지 번진 것 같은데, 어
쨌든 공룡이 느림보인지 아닌지 하는 문
제로 입씨름이 생겼으니 공룡의 속도가 어떤지 알아봐야겠군
요. 먼저 지치 변호사 변론하세요.

🧑‍💼 공룡들 중에는 종종 크기가 작거나 날아다니는 것도 있지만
대부분의 공룡은 몸집이 굉장히 큽니다. 사람도 몸이 크면 무
겁고 둔해져서 민첩성이 많이 떨어집니다. 하물며 엄청나게
큰 공룡은 걸어 다니는 것도 힘들 텐데 어떻게 빠르게 뛰어다
닐 수 있겠습니까? 게다가 다리도 짧아서 빨리 뛰고 싶어도
뛸 수가 없다고요. 제가 좋아하는 아기 공룡 둘리 엄마도 뛰
어다니는 건 한 번도 못 봤습니다.

👮 아기 공룡 둘리요? 여기서 만화 얘기가 왜 나옵니까?

🧑‍💼 제가 어릴 때 굉장히 좋아하던 만화거든요. 오늘 사건의 주인공
이 공룡이라 너무 반가워서요. 얼마나 재미있었는데요. 히히!

👮 암튼 못 말리겠군요. 어쨌든 공룡이 느리다는 거죠? 어쓰 변
호사의 변론은 어떤지 들어 봅시다.

공룡에 대해 정확히 알려면 공룡 전문가를 모시는 것이 좋겠지요. 전 세계의 공룡 화석을 관리하고 있는 공룡 화석 전시 센터의 한덩치 소장님을 증인으로 요청합니다.

증인 요청을 받아들이겠습니다. 증인은 증인석으로 나와 주세요.

이름만큼이나 어깨가 넓고 골격이 굵은 40대 후반의 남성이 공룡 모형을 양손에 들고 묵직한 걸음걸이로 증인석에 나왔다.

현재는 공룡이 멸망하고 없는데요, 공룡은 어느 정도 빨리 걷거나 달릴 수 있었습니까?

공룡이 걷거나 달릴 때의 속도를 구하는 가장 손쉬운 방법은 현재 우리 주위에 있는 동물들과 비교해 보는 것입니다. 공룡의 뼈만으로는 그 공룡의 빠르기를 알 수 없습니다. 다리가 긴 사람이 보폭이 더 넓다고는 하지만 다리 길이만으로 정확한 보폭을 알 수는 없기 때문입니다. 공룡의 빠르기는 다리와 허리의 구조로 짐작이 가능한데, 몸집이 작은 수룡은 동작이 재빠르며, 특히 오르니토미무스는 타조만큼 잘 달립니다. 악어와 같은 보통의 변온 동물은 동작이 상당히 느린데 반해 오르니토미무스는 빠른 달리기에 적합한 발의 구조

를 갖고 있습니다. 어떤 학자들은 이러한 점 때문에 공룡이 정온 동물이라고 말하기도 합니다. 공룡이 변온 동물이라면 달리기를 못했을 거라는 설이 있는 것도 이 같은 이유 때문 이지요.

 공룡이 변온 동물이냐 정온 동물이냐에 관한 답이 나오면 문 제가 더 쉽게 풀리겠군요.

 이 문제에 관해서는 확실히 답할 수 없다고 하더라도 몇몇 공 룡들의 빠르기는 굉장했습니다. 지금까지의 연구 결과를 보면 티플로도쿠스와 같은 네 발로 걷는 초식 동물의 빠르기는 사람 과 비슷한 시속 4km 정도이고, 쥐라기의 알로사우루스나 백 악기의 티라노사우루스 같은 육식 공룡들은 시속 7km의 빠르 기로 이족 보행하면서 신속한 사냥이 가능했습니다. 트리케라 톱스는 시속 50km, 이구아노돈은 시속 60km, 가장 빠른 오르 니토미무스는 시속 80km의 속력으로 달릴 수 있었습니다.

 시속 80km 정도면 굉장히 빠른 속도인데 공룡의 속력이 이 정도라니 굉장한 스피드군요. 오르니토미무스는 '스피드의 왕자'라고 불러야겠습니다. 공룡이 덩치가 크다고 무조건 둔 하다고 생각하면 안 되겠군요.

 정말 공룡의 스피드를 무시하면 안 되겠네요. 이제 두 박사님 의 싸움도 종결되겠군요. 두 분의 연구 분야가 관련성이 많은 만큼, 이제 그만 다투시고 서로에게 도움이 되는 든든한 동반

자가 되면 좋겠습니다. 이상으로 재판을 마치겠습니다.

재판이 끝난 후, 공룡이 느림보가 아니라는 게 밝혀지자 김룡 박사는 김야수 박사에게 사과할 것을 요구했다. 지금껏 그렇게 티격태격하던 김룡 박사와 김야수 박사는 그날 밤, 밤이 새도록 술을 마셨고, 그동안 서로에게 쌓였던 앙금이 가시면서 화해하게 됐다.

 오르니토미무스

오르니토미무스는 '새와 닮았다'라는 뜻으로, 타조처럼 날씬한 몸매를 가진 공룡이다. 이 공룡은 시속 70~80km로 달렸고, 머리 크기는 작았지만 뇌는 큰 편으로 매우 영리했다. 이 공룡은 다른 공룡의 알이나 곤충, 작은 동물 등을 먹고 살았다.

영화 〈공룡의 대습격〉

공룡은 왜 밤에는 활동할 수 없을까요?

"네, 오늘 〈영화 산책〉에서 만나 볼 영화는 어떤 영화인가요?"

"네, 〈공룡의 대습격〉이라는 영화인데요, 지난 주 화요일에 개봉한 후, 단 5일 만에 3천만 관객을 동원하면서 대흥행 조짐을 보이고 있는 영화입니다."

"단 5일 만에 3천만 관객이라…… 과학공화국 영화 사상 최고 기록 아닌가요?"

"그렇죠, 과학공화국 영화 사상 최고 기록입니다. 이대로 간다면 최대 관객 동원도 시간문제겠네요."

"그렇군요. 이름만 봐도 결코 범상치 않아 보이네요. 〈공룡의 대습격〉은 어떤 내용의 영화인가요?"

"네, 이 영화는 그믐밤만 되면 공룡이 마을을 덮쳐 공포의 도가니로 몰아넣는다는 내용입니다. 도대체 공룡에게 어떤 사연이 있기에 그믐밤만 되면 마을을 덮치는 건지 궁금하지 않으세요?"

"글쎄요, 전 별로 궁금하지 않은데요. 하하하! 그건 그렇고, 이 영화가 장안의 화제가 되고 있는 이유가 작품성보다는 과학공화국 최고의 만능 엔터테이너 우산 씨의 출연 때문이 아닐까 하는 생각이 드는데요."

"네, 맞습니다. 실제 이 영화의 관객층을 보면 10대 소녀들이 대부분인데요, 우산 씨 효과를 톡톡히 본다고 할 수 있습니다. 우산 씨는 이 영화에서 공룡 역할을 맡아서 열연했는데요, 처음에는 공룡 따위의 역할은 맡을 수 없다면서 강하게 출연을 거부해서 많은 화제가 되기도 했지요."

"맞아요, 그것만으로도 큰 화제가 됐었지요."

"우산 씨는 결국 소속사의 등쌀에 떠밀려 영화에 출연하게 됐는데 당초 예상보다 공룡 역할을 잘 소화해서 스스로도 만족하고 있다는군요. 지난주 시사회 현장을 다녀왔는데요, 그 현장을 지금 함께 보시죠."

"우산 씨는 시사회 내내 흐뭇한 미소를 지었는데요, 팬들을 바라

보는 그의 표정이 무척이나 밝아 보이죠? 시사회가 시작되기 전에 즉석 팬 미팅을 가지기도 했는데요."

"우산 오빠, 촬영하면서 가장 힘들었던 점은 뭐예요?"

"촬영을 할 때, 굉장히 더웠어요. 거기에다가 공룡 분장과 복장을 하고 있어서 온몸에 땀띠까지 났지요."

"그러면 이번 촬영에서 가장 힘들었던 표정은 뭔가요? 좀 보여주시죠."

"글쎄요, 어차피 공룡 가면을 쓰고 연기를 해서 표정 연기에서 그다지 힘든 점은 없었는데, 굳이 가장 어려웠던 표정 연기를 꼽으라고 한다면 마지막 부분의 슬픈 장면을 연기할 때 좀 힘들었어요. 눈물을 펑펑 흘려야 하는데, 감정 몰입이 잘 안 되더라고요."

"저는 〈영화 산책〉에서 나온 기자인데요, 처음엔 이 영화 출연 제의를 거부하셨잖아요. 촬영을 마친 지금 심정은 어떠세요?"

"네, 처음에는 공룡 분장을 해야 하는 상황이 너무 싫어서 거부했었는데요, 이번 연기를 통해 공룡 입장도 돼 보고 많은 걸 깨닫게 된 것 같아요. 이번 작품을 하지 않았다면 평생 후회했을 거예요. 굉장히 만족합니다."

"우산 씨가 마을을 덮치는 몸 연기를 선보이는 걸 끝으로 팬 미팅은 끝이 났습니다. 시사회가 끝나고 팬들에게 영화에 대한 평을 들어 보았는데요."

"전 영화 내용은 안 들어오고 우산 오빠밖에 안 보였어요."

"역시 우산 오빠는 저희를 실망시키지 않았어요."

"이젠 공룡도 사랑할 수 있을 것 같아요. 꺄악! 너무 멋있어요."

"저도 시사회에 참석해서 영화를 봤는데요, 영화 상영 내내 공룡 분장을 한 우산 씨 모습밖에 눈에 안 들어오더군요. 반면 스토리는 거의 없더라고요. 우산 씨의 외모에만 푹 빠져서 영화에 대한 올바른 평가는 내리지 못하는 개념 없는 십대들의 반응을 어떻게 받아들여야 할지…… 그럼 오늘의 〈영화 산책〉은 여기서 마치겠습니다."

〈영화 산책〉에서 우산 씨가 나오는 〈공룡의 대습격〉이란 영화의 예고편을 본 김팔순 씨는 남자 친구에게 이 영화를 보러 가자고 졸랐다.

"오빠, 이거 우산 나오는데 되게 재미있대. 이거 보자, 응?"

"꼭 이걸 봐야 돼? 난 이거 보기 싫은데."

"월드 스타 우산 오빠가 나온다잖아. 또 공룡이 나오는 영화니까 우리 전공이랑도 관련이 있고. 오빠 안 보면 나 혼자서라도 볼 테니까 그런 줄 알아."

여자 친구가 억지를 부리는 바람에 김따지 씨는 끝내 〈공룡의 대습격〉이라는 영화를 볼 수밖에 없었다.

"오빠, 우산 오빠 너무 멋지다. 그치?"

"공룡 머리 뒤집어썼는데 멋있긴 뭐가 멋있냐?"

"쳇, 괜히 멋있으니까 질투하는 것 좀 봐. 오빠가 거기 나오는 우산 오빠의 일억 분의 일이라도 닮았으면 내가 오빠가 하라는 대로 다 하겠다."

"뭐? 그럼 내가 그 공룡 머리보다 못하다는 거야? 내용도 순 엉터리던데…… 괜히 영화 봐서 머리만 혼란스럽잖아."

〈공룡의 대습격〉을 보고 온 김따지 씨는 공룡에 대한 공부를 하는 학생으로서 내용상의 오류를 그냥 두고만 볼 수는 없다는 생각이 들었고, 고민 끝에 영화 제작자에게 전화해서 물어보기로 했다.

"저기요, 〈공룡의 대습격〉을 보고 연락 드리는 건데요."

"그런데요?"

"영화 내용상 과학적인 오류가 있는 것 같아서요."

"과학적인 사실 여부는 중요하지 않아요. 영화가 재미만 있으면 되는 거 아닌가요? 저희는 흥행에 성공만 하면 됩니다. 그러니까 시비 걸지 마세요."

"뭐라고요? 영화가 흥행이 좋을수록 더 신경 써야 하는 거 아닌가요? 수많은 사람들이 이 영화를 보고 잘못된 내용을 사실인 양 받아들인다면 문제가 더 악화될 텐데요."

"이 영화는 작가가 오랜 기간 동안 준비해서 만든 거예요. 그러니까 과학적으로도 아무런 문제가 없다고요. 더 이상 이 일로 상대하고 싶지 않으니 그만 끊겠습니다."

"뭐라고요? 정말 무책임하군요. 지구법정에 의뢰해서 이 영화의 과학적인 오류를 밝혀내고 말겠어요."

공룡의 시력은 밤에 활동할 정도로 좋지 않았을 가능성이 높으며,
밤에는 몸이 차가워져 활동이 곤란했다는 설도 있습니다.
때문에 공룡은 주행성 동물이었습니다.

공룡은 낮에만 활동했을까요?
지구법정에서 알아봅시다.

재판을 시작하겠습니다. 현재 많은 관객의 사랑을 받고 있는 공룡 영화에 과학적인 오류가 있다는 사실에 화가 난 관객 한 분께서 고소를 하셨군요. 화제가 되는 영화라 이 사건에 대한 시민들의 관심도 높을 것 같은데요, 정말 영화 속 내용에 잘못된 부분이 있는지 알아봐야겠습니다. 피고 측 변론하십시오.

판사님, 〈공룡의 대습격〉이라는 영화 보셨나요? 정말 재미있습니다. 공룡의 카리스마는 감히 누구도 따라갈 수 없습니다. 벌써 3천만 관객의 고지를 넘어섰다는군요.

공룡에게 카리스마가 있다고요? 하하하! 지치 변호사는 아주 영화에 푹 빠지셨군요. 얼른 정신 차리시죠. 여기는 법정이고 지치 변호사는 지금 변호 중입니다. 영화 홍보는 그만하고 어서 변론하세요.

알겠습니다. 판사님 오늘따라 너무 까칠하시군요. 혹시 3천만 명의 관객을 동원한 이 유명한 영화를 아직 혼자만 못 봤다는 자격지심 때문에 화풀이하시는 건 아니죠? 하하하! 농담입니다. 조만간 꼭 보세요. 공룡 시대로 돌아간 것처럼 실감 나거든요. 더 화내시기 전에 변론을 시작하겠습니다. 저처럼 영화를 보는 대부분의 사람들은 즐겁게 영화를 보면서 스트레스를 풀고 기분 전환을 합니다. 그것으로 충분하지요. 그런데 가끔 영화 내용을 하나하나 따지거나 옥의 티는 없는지 자세히 관찰하는 분들이 있는데, 영화의 내용이 현실과 조금 다르다고 크게 문제될 건 없다고 봅니다. 오히려 창조적이고 참신한 아이디어가 나올 수 있는 기회가 될 수 있을 것 같은데요. 그림에도 추상화가 있지 않습니까? 추상화를 잘못된 그림이라고 고소합니까?

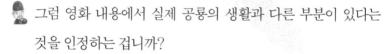 그럼 영화 내용에서 실제 공룡의 생활과 다른 부분이 있다는 것을 인정하는 겁니까?

그런 것은 아닙니다. 잘못된 내용은 없다고 봅니다. 혹시 그런 부분이 있다고 하더라도 그걸 꼭 집어 낼 만큼 문제가 있는 것은 아니라는 거죠.

그렇지만 실제로 사실과 다른 부분이 있다면 잘못된 과학 정보를 공공연하게 상영하는 건 문제가 있습니다. 재미와 호기심을 자극하는 흥행 위주의 영화가 많은 것은 사실이지만 영화 내용의 오류가 심각하다면 상영 여부를 다시 검토해 봐야 할 것 같은데요, 원고 측 변론을 들어 봐야겠군요.

 이 영화에서 가장 문제가 되는 부분은 공룡이 그믐밤에 등장

한다는 사실입니다. 대부분의 공룡은 주행성 동물로서 낮에만 활발하게 활동했다고 합니다.

공룡이 주로 낮에만 활동했던 이유는 뭡니까?

공룡의 특징과 생활, 그리고 다른 생물과는 어떤 관계를 유지했는지 알아보기 위해 세계 공룡 박물관의 거대한 소장님을 증인으로 요청합니다.

증인 요청을 받아들이겠습니다.

부리부리한 눈매에 2m에 가까운 키의 40대 후반의 남성이 허리에 공룡 사진첩을 끼고 증인석에 앉았다.

공룡은 주행성 동물인 것으로 알려져 있는데 그 이유는 무엇입니까?

공룡의 시력이 밤에 활동할 만큼 좋지 않았을 가능성이 많습니다. 그래서 밤이 되면 활동을 중지하고 휴식했을 것으로 추측됩니다. 또 다른 가능성은 공룡들의 몸이 밤에는 차가워져서 활동이 곤란했다는 설도 있습니다.

그런 이유가 있었군요. 공룡이 낮에 활동하면 다른 동물들은 공룡에게 잡혀 먹힐까 봐 낮에 활동하기가 힘들었겠습니다.

그렇지요. 춥고 어두운 밤이 되면 작은 포유류들의 세상이 시작됐는데 포유류들은 체온 조절 능력이 있고, 뛰어난 시력과 청각을 지니고 있었기 때문에 공룡이 활동하지 않는 야간에 더 많이 활동했다고 합니다. 작은 포유류들은 밤에 적응해야 했기 때문에 시각보다는 청각이 발달되어 갔고, 청각의 발달과 더불어 뇌도 점점 진화되었다고 합니다.

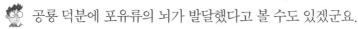 공룡 덕분에 포유류의 뇌가 발달했다고 볼 수도 있겠군요.

그렇지요. 작은 포유류들은 거대한 공룡의 눈을 피해 어두운 그늘에서 근근이 목숨을 이어 갔지만, 그 덕분에 그들의 뇌는 더 발달하였고 공룡이 멸종된 후 더욱 눈부신 발전을 할 수 있는 토대를 마련한 셈이지요.

공룡이 주행성이어서 다른 생물에 끼친 영향이 참으로 크군요. 〈공룡의 대습격〉에서처럼 공룡이 주로 밤에 활동한다는 내용은 공룡의 역사를 뒤집는 오류를 범한 것입니다. 이 영화에서 그믐밤만 되면 공룡이 마을에 출몰해 온통 쑥대밭으로 만들어 버린다는 내용은 삭제해야 할 것 같군요.

그믐밤에 공룡이 나타난다는 내용은 문제가 있으니 삭제하십시오. 앞으로 영화를 제작하는 모든 영화사는 이 같은 실수를 되풀이하지 않도록 시나리오 작업부터 철저히 하시기 바랍니다. 이상으로 재판을 마치겠습니다.

재판이 끝난 후, 공룡의 주요 활동 시간이 낮이라는 것을 알게 된 영화 제작사는 많은 사람들에게 잘못된 과학 정보를 전달한 것

에 대해 대국민 사과를 했다. 그 후 영화사에서는 그 장면을 삭제
했지만, 〈공룡의 대습격〉의 인기는 식을 줄을 몰랐다.

 주행성 동물과 야행성 동물

주행성 동물은 주로 낮에 섭식과 생식 등의 활동을 하는 동물로 제비나 참새 등 대부분의 조류와
소나 말 같은 초식 동물이 여기에 속한다. 반면 야행성 동물은 밤에 활동하는 동물로 사자나 표범과
같은 맹수를 비롯한 대부분의 육식 동물이 여기에 포함된다.

악어가 공룡인가요?

공룡 페스티벌에 악어가 나타난 이유가 무엇일까요?

"으악!"

"여보, 왜 그래요? 악몽이라도 꿨어요?"

"이상한 꿈을 꿨어. 내가 공룡을 타고 하늘을 날
고 있는데, 저쪽에서 다른 공룡 무리가 날아와서 우리를 괴롭히는
거야. 그래서 결국 내가 하늘에서 떨어졌지 뭐야."

"그래서 어떻게 됐는데요?"

"공교롭게도 공룡 알이 있는 둥지에 떨어져서 살았다고 안심하고
있는데, 그 순간 공룡 알이 쫙 갈라지더니 새끼 공룡이 알에서 불쑥
튀어나오는 거야. 그래서 고함을 지르다가 깨니까 당신 옆이네."

"공룡? 그거 개꿈이네. 꿈을 꾸려면 그딴 거 꾸지 말고 돼지나 이런 걸로 꾸란 말이에요. 알겠어요?"

김복날 씨가 공룡 꿈을 꾸고 난 후 정확히 10개월 만에 김복날 씨 부부는 떡두꺼비, 아니 떡공룡 같은 아들을 얻게 됐다. 어머니가 알에서 나오는 태몽을 꿨다고 해서 김알지라는 이름을 얻은 김복날 씨의 아들은 커 갈수록 공룡에 대해서 점점 많은 관심을 보이기 시작했다.

"아빠, 나 장난감 사 줘."

"장난감? 어제 장난감 사 줬잖아."

"아잉~ 언제? 난 안 샀단 말이야. 장난감 사 줘."

알지는 떼쓰기 시작했고, 복날 씨는 알지에게 끌려서 장난감 코너로 들어섰다.

"여기 있다. 아빠, 이거 사 줘."

"또 공룡? 공룡은 어제도 샀잖아. 너 그러다가 우리 집을 아예 쥐라기 공원으로 만들겠다."

"어, 그거 좋은 생각인데? 내 목표는 일 년 안에 우리 집을 쥐라기 공원으로 만드는 거야. 하하하! 그런데 아빠, 공룡이라고 다 똑같은 공룡인 줄 알아? 어제 산 건 티라노사우루스고, 이건 알렉트로사우루스잖아. 아빤 나보다 더 무식하다니까."

"괜히 말 꺼냈다가 본전도 못 건졌네. 몰라, 무식한 티가 나든지 말든지 사우루스고 뭐고 아빤 그딴 거 모르겠고…… 근데 사우루스 얘기 나오니까 갑자기 사우나가 당기는데, 우리 오늘 부자끼리 사우나나 갈까?"

"좋지. 그럼 사우나 가는 기념으로 저 공룡도 사 주는 거다."

그렇게 김복날 씨와 아들은 함께 사우나에 갔지만, 알지는 사우나에 가서도 공룡 인형과 노는데 정신이 팔려 있었다.

"아들아, 넌 아빠보다 공룡이 더 좋냐?"

"그건 아니지만, 어쨌든 공룡도 아빠만큼 좋아."

"결국 그게 그거지 뭐. 이 공룡보다 못한 아빠! 공룡 인형이나 실컷 사 주면 뭐 해? 공룡이 아빠보다 더 좋다는데. 아들아, 넌 커서 뭐가 될래?"

"난 유명한 공룡 학자가 될 거야. 쥐라기 공원에 나오는 아저씨 같은 똑똑한 공룡 학자!"

"우아! 우리 아들 멋있는데? 그럼 아빠도 쥐라기 공원에 데려가 줄 거야?"

"지금도 우리 집은 충분히 쥐라기 공원 같은데, 아빤 참 욕심도 많다."

"뭐? 이 녀석, 하하하!"

그렇게 알지는 어디를 가나 공룡과 함께했고, 잠을 잘 때나 밥을 먹을 때나 알지의 옆엔 언제나 공룡 장난감이 있었다.

"용용 죽겠지 마을에서 다음 주부터 공룡 페스티벌을 개최한다

고 합니다. 이 행사는 전 세계에 걸쳐 치러지는 거대한 행사인데
요, 우리나라에선 단 5일만 개장한다고 합니다."

"와! 공룡을 직접 볼 수 있다고요?"

"그럼요, 그것뿐만 아니라, 공룡 발자국도 직접 체험해 볼 수 있
고, 공룡과 관련한 많은 프로그램들이 마련돼 있다고 하는군요."

"그렇군요, 단 5일만 개장한다고 하니 예매도 서둘러야겠군요."

"두말하면 잔소리죠. 이 기회를 놓치신다면 아마 평생 후회하실
겁니다. 가족과 함께 즐거운 공룡 소풍을 다녀올 수 있는 절호의
찬스를 꼭 잡으세요."

"지금까지 생생한 공룡 소식만 엄선해서 보내 드리는 〈공룡 TV〉
였습니다."

공룡 채널을 꼬박꼬박 챙겨 보던 알지는 이 방송을 보자마자 아
빠에게 공룡 페스티벌을 보러 가자고 조르기 시작했고, 결국 김복
날 씨는 알지의 요구를 들어 주기로 했다.

"정말 공룡 페스티벌에 가는 거지 아빠? 그럼 빨리 인터넷으로
예약해야 돼."

"인터넷 예약?"

"응, 이번 행사가 한국에서는 며칠밖에 안 하는 거여서 전국에서
수억만 명이 모여들 거래."

"수억만? 수천만 명이겠지, 요놈아. 근데 뭐? 일인당 10만 원?
거기다 학생 할인도 안 되잖아. 뭐야, 이거. 순 바가지 아니야?"

"그래서 안 갈 거야? 아빠?"

김복날 씨는 입장료가 너무 비싸다는 생각이 들었지만 알지의 울먹이는 얼굴을 보자 마음을 다잡고 표를 3개 구입했다.

어느덧 시간은 흘러 공룡 페스티벌 개장일이 다가왔고, 김복날 씨 가족은 아침 일찍부터 일어나서 용용 죽겠지 마을로 향했다. 행사 기간이 단 5일인 데다가 주말이어서 그런지 행사장으로 가는 길은 넘쳐 나는 차량들로 가득 찼다.

"10분이나 지났는데, 겨우 10m밖에 못 갔네."

"아빠, 우리 오늘 안에 공룡 페스티벌에 갈 수는 있는 거야? 좀 더 밟아 봐."

그런데 갑자기 알지가 화장실에 가고 싶다며 안절부절못했다.

"여보, 거기 아까 우유 먹고 남은 통 있지. 시간 없으니까 알지 너 거기서 해결해."

차가 너무 막히는 바람에 알지는 결국 차 안에서 볼일을 해결했고, 꼼짝없이 도로에 갇힌 알지네 가족은 점심도 즉석에서 산 김밥으로 해결할 수밖에 없었다.

"아빠, 근데 이상한 냄새가 나."

"으이구, 아까 네가 오줌 싸서 나는 냄새잖아. 그냥 참고 먹어."

그렇게 우여곡절 끝에 공룡 페스티벌 행사장에 도착한 알지네 가족은 또다시 놀랄 수밖에 없었다. 행사장 입구의 줄이 끝이 보이지 않았기 때문이었다. 알지네 가족은 행사장에 도착하고 3시간이 지난 후에야 입장할 수 있었다.

"아빠, 우리 이제 공룡 볼 수 있는 거야?"

"그럼, 우리 아들 기대해도 좋아."

"우아, 저기 악어다. 근데 도대체 공룡은 어디 있는 거야?"

"그러게? 분명히 여기가 공룡존이라고 쓰여 있는데."

답답해진 김복날 씨는 관계자로 보이는 사람에게로 가서 물어 봤다.

"저기요, 대체 공룡은 어디 있는 거예요?"

"저기 있잖아요."

"네? 저건 악어잖아요."

"악어도 공룡이에요. 모르셨어요?"

"뭐 이런 사람이 다 있어? 우리가 저딴 악어 하나 보자고 새벽부터 차 타고 와서 이 고생을 하는 줄 알아?"

"저딴 사람은 내가 아니라 당신이야. 악어도 공룡이라니까요!"

"더 이상 참을 수 없어. 당신들은 전 국민을 상대로 사기를 쳤어. 악어가 공룡이라고 했겠다? 그래 누구 말이 맞는지 지구법정에 가서 따져 보자고."

악어는 가장 오랫동안 멸종하지 않고 현재까지 살고 있는 파충류로,
프로토수쿠스가 진화를 거듭해 지금의 악어가 됐다고 추측되고 있습니다.

**악어가 공룡이라는 사실을 믿어야
할까요?**
지구법정에서 알아봅시다.

재판을 시작하겠습니다. 공룡 페스티벌이
한창 열리는 와중에 소송이 들어왔으니
공룡 페스티벌을 주관하는 곳에서 타격이
크겠군요. 공룡 페스티벌에 악어가 공룡으로 전시되었다는
게 사실인가요? 어떻게 된 일인지 피고 측의 변론을 들어보겠
습니다.

악어는 현존하는 파충류로서 악어의 조상은 공룡입니다. 공
룡이 악어의 조상이라는 증거가 있습니다. 공룡과 악어는 같
은 파충류에 속하며 둘 다 변온 동물입니다. 또한 똑같이 알
에서 태어나지요. 때문에 공룡의 여러 종 가운데 하나가 진화
하여 지금의 악어가 되었다고 볼 수 있습니다.

공룡은 이미 멸종한 것으로 알고 있는데요, 지치 변호사의 말
대로라면 악어는 현존하는 공룡이라고 할 수 있겠군요.

그렇습니다. 악어는 공룡이 진화한 것이므로 공룡이라고 볼
수 있습니다. 악어가 공룡이기 때문에 공룡 페스티벌이 열리
는 전시관에 전시된 것이고요.

악어의 조상이 공룡이라고 주장하는 피고 측에 반해 원고 측

은 악어를 공룡으로 인정할 수 없다고 주장하고 있습니다. 그 이유가 무엇인지 원고 측의 주장을 들어 보겠습니다.

악어는 파충류에 속하지만 공룡과는 다른 파충류입니다. 공룡과 악어의 특징을 비교해 보면 전혀 다른 부분이 많다는 것을 알 수 있습니다.

어떻게 다른가요? 악어와 공룡의 다른 점에 명확한 차이가 있어야 전혀 다른 종류의 파충류라고 볼 수 있을 텐데요, 증거가 있습니까?

악어와 공룡의 차이에 대해 정확하게 말씀해 주실 증인을 모셨습니다. 파충류 학회의 최비교 회장님이 자리하 계십니다.

증인 요청을 받아들이겠습니다.

파충류 피부같이 번들거리는 양복을 입은 50대 후반의 남자가 악어처럼 엉덩이를 뒤로 빼고 엉거주춤 걸어 나왔다.

악어와 공룡에 대해 몇 가지 여쭤 보겠습니다. 악어와 공룡은 같은 파충류 과에 속한다고 볼 수 있습니까?

악어와 공룡은 둘 다 파충류 과가 맞고, 비슷한 진화의 길을 걸었지만 같은 파충류라고 말할 수는 없습니다. 공룡의 경우 다른 보통의 파충류와는 다른 특징이 있기 때문입니다. 공룡

은 몸집이 커진 최초의 파충류로 거대 파충류라고 불리며 악어와 도마뱀 등은 몸집이 커지길 거부한 파충류죠. 그리고 보통의 파충류가 변온 동물인 것에 반해 공룡은 변온 동물과 정온 동물의 특징을 모두 갖췄던 것으로 추정됩니다.

 그렇다면 실제 악어의 조상은 뭡니까?

 악어는 중생대에 번성하였으나 신생대 초기부터 형태적인 변화가 거의 없이 생존해 오고 있는 것으로 알려져 있습니다. 따라서 악어는 가장 오랫동안 멸종하지 않고 현재까지 살고 있는 파충류라고 할 수 있습니다. 악어의 조상으로는 미스토리오스쿠스와 프로토수쿠스가 유력한데 생김새를 보면 미스토리오스쿠스가 악어와 더 닮았습니다. 하지만 미스토리오스쿠스는 콧구멍이 물속에 잠기지만 프로토수쿠스는 물 위로 나타나기 때문에 프로토수쿠스가 악어의 조상이라고 보는 것이 맞습니다. 악어의 조상인 프로토수쿠스는 공룡이 멸종할 때 살아남았으며 진화를 거듭해 지금의 악어가 됐다고 추측됩니다.

 악어의 조상은 공룡이 아니라 프로토수쿠스라는 파충류이군요.

 그렇습니다. 악어의 조상이 프로토수쿠스라는 사실은 거의 기정사실로 받아들여지고 있지만, 현존하는 생물체 가운데 악어가 공룡과 가장 흡사하다는 점은 인정해야겠지요.

악어는 중생대부터 지금까지 현존하는 파충류로서 악어의 조상은 공룡이 아닌 프로토수쿠스라는 파충류입니다. 따라서 공룡 페스티벌에 전시한 악어는 철거해야 합니다.

악어가 진화를 거듭해서 지금까지 살아남았다는 사실이 매우 놀랍군요. 공룡 페스티벌에 전시돼 있는 악어는 악어 페스티벌에 더 잘 어울릴 것 같습니다. 악어의 조상은 프로토수쿠스로 밝혀졌으니 재판이 끝나는 대로 악어를 철거하십시오. 이상으로 재판을 마치겠습니다.

재판이 끝난 후, 공룡 페스티벌의 주최 측은 관람자들에게 사과했고, 공룡 페스티벌에 전시했던 악어를 모두 철거했다. 또한 공룡 페스티벌에 실망한 알지는 자신이 커서 직접 공룡 페스티벌을 개최하겠다고 다짐했다.

악어

악어의 조상은 중생대 트라이아스기 말에서 쥐라기 초에 나타난 프로토수쿠스인 원시 악어이다. 악어의 모양은 도마뱀과 비슷하지만 몸길이가 10m에 이르는 대형 악어가 있을 만큼 큰 편이다. 악어의 눈은 머리 꼭대기에 달려 있고, 발가락에는 물갈퀴가 있으며 주둥이는 길고 단단하다. 서식지는 아프리카, 동남아시아, 남북아메리카 등이다.

공룡

공룡은 지금까지 지구상에 살았던 동물 중에서 가장 거구이면서 가장 번성했던 동물이다. 공룡의 몸 크기는 작은 것은 개 정도에서 큰 것은 코끼리보다 훨씬 컸을 만큼 다양했다. 한편 육식 공룡은 초식 공룡에 비해 일반적으로 덩치가 작았다.

공룡은 약 2억 3천만 년 전에 처음 등장해 무려 1억 6천5백만 년 동안이나 지구상에 존재하다가 6천5백만 년 전에 지구상에서 홀연히 사라졌다.

공룡의 식생활

공룡은 식생활에 따라 동물을 섭식했던 육식 공룡과 식물을 먹었던 초식 공룡으로 나눌 수 있다. 육식 공룡은 수는 적었으나 종류는 매우 많았고, 여러 가지 종류의 먹이를 쉽게 잡아먹을 수 있도록 몸의 구조가 공룡마다 달랐다.

육식 공룡은 주로 다른 육식 공룡이나 공룡의 알, 포유류, 곤충,

도마뱀 등의 동물을 잡아먹었으며, 초식 공룡은 현재의 파충류와는 달리 나뭇잎이나 풀 등의 갖가지 식물을 먹었다.

어떤 초식 공룡은 돌멩이를 삼켜 위장 속으로 넣었는데 이를 위석이라고 한다. 이 위석들은 닭의 모래주머니처럼 위장에 들어온 거친 식물을 잘게 갈아 주는 역할을 해서 초식 공룡의 소화를 도왔다.

제3장

지질 시대에 관한 사건

어? 왜 신생대 1, 2기는 없지?

똑똑아, 쓸데없는 거 궁금해 말고, 어서 밥 먹자!

신생대 – 신생대는 왜 1기와 2기가 없죠?

화석과 지질 연대 – 삼엽충 화석과 공룡 화석 지대의 땅값

호박 화석 – 호박 보석 속에 벌레가?

조류와 파충류 – 조류의 조상이 파충류인가요?

화석과 지층 – 화석으로 오래된 지층 알아내기

지질 연대 – 마을의 나이

달의 기원 – 달은 언제부터 있었나요?

지구의 나이 – 지구는 몇 살이죠?

신생대는 왜 1기와 2기가 없죠?

왜 1기와 2기를 고생대, 중생대로 바꾼 걸까요?

사건속으로

"엄마, 엄마, 엄마!"

방 안에 있던 똘똘이가 갑자기 부엌에서 밥을 짓고 있던 엄마에게로 허겁지겁 달려왔다.

"또 뭐? 뭐?"

"왜 이렇게 공격적이셔? 아드님이 질문 좀 하겠다는데?"

"질문이 질문다워야 질문이지. 네 질문은 언제나 나를 혼란스럽게 하잖아."

"쳇, 그건 그렇고 엄마, 병아리는 달걀 안에서 나왔잖아."

"근데?"

"근데? 근데 그 계란은 닭이 낳았잖아."

"그래서?"

"그래서? 그니깐 닭이 먼저야, 달걀이 먼저야?"

똘똘이의 질문을 받은 똘똘이 엄마는 곰곰이 생각에 잠겼다.

'아, 또 말려들었다.'

"엄마가 그걸 알면 지금 여기서 밥이나 짓고 있겠냐고, 아들! 쓸데없는 생각 말고 가서 빨리 시험공부나 하세요."

질문에 대한 답을 듣지 못한 똘똘이는 실망한 눈빛으로 다시 방 안으로 들어갔다.

'그래, 쓸데없는 생각하지 말고 시험공부나 하자.'

비록 똘똘이의 시선은 계속 책을 향해 있었지만, 머릿속은 여전히 '닭과 알'의 문제로 혼란스럽기만 했다. 똘똘이는 도저히 공부에 집중이 되지 않아 거실에서 텔레비전을 보고 있는 아빠에게로 다가갔다.

"아빠!"

"왜, 우리 아들?"

"있잖아, 닭이 먼저야, 달걀이 먼저야?"

"뭐? 그게 교과서 몇 페이지에 나오는 건데? 아빠가 문학은 잘 모르잖아."

"아유……."

똘똘이는 이처럼 호기심이 많은 아이였고, 주변 사람들은 그런 똘똘이를 엉뚱하다고 생각했다.

"여러분, 같은 높이에서 무거운 물체와 가벼운 물체를 동시에 떨어뜨리면 어떤 물체가 더 빨리 떨어질까요?"

"무거운 물체요."

"가벼운 물체요!"

"똘똘이는 왜 무거운 물체가 더 빨리 떨어진다고 생각하지?"

"음…… 무거우니까요!"

"하하하!"

똘똘이의 엉뚱한 대답에 교실은 온통 웃음바다가 됐다. 선생님도 그런 똘똘이를 귀엽다는 듯 바라보며 웃었다.

"우리 호기심 박사 똘똘이는 무거운 물체에 한 표를 던졌군요. 그런데 실제로는 같은 높이에서 동시에 떨어뜨린 물체는 무게와 상관없이 동시에 땅에 떨어집니다. 여러분, 이제 알겠어요?"

"네!"

수업 시간은 그렇게 끝이 났지만, 똘똘이는 선생님의 말에 동의할 수가 없었다.

"아까 그 수업 내용 말이야, 엉터리야 분명히."

"선생님이 동시에 떨어진다면 떨어지는 거지 왜 또 토를 달고 그러니?"

"네가 그러니까 인생에 발전이 없는 거야. 우리 그러지 말고 수업도 끝났으니까 아파트 옥상에서 실험해 보자. 응?"

그렇게 똘똘이와 철수는 똘똘이네 집 옥상으로 가서 농구공과 종이를 동시에 떨어뜨리는 실험을 했다.

"잘 봐. 분명히 농구공이 먼저 떨어질걸?"

"떨어지긴 떨어졌는데, 어떤 게 먼저 떨어졌는지 여기서는 안 보이는데?"

"그러게, 안 되겠다. 내가 여기서 떨어뜨릴 테니까 넌 아래로 내려가서 어떤 게 먼저 떨어지는지 잘 보고 있어."

똘똘이의 말대로 철수는 곧장 아래로 내려가서 농구공과 종이가 떨어지기만을 기다렸다. 그 때 같은 반 친구가 지나갔다.

"너 여기서 뭐 해?"

"똘똘이가 실험한다고 그래서."

"뭐, 실험? 그 농구공은 또 뭐고? 그러지 말고 우리 그 공으로 애들이랑 농구나 하러 가자."

"안 되는데…… 되는데…… 에이, 모르겠다. 그래, 그러자."

철수는 똘똘이와의 실험은 깡그리 잊은 채 지키고 있던 자리를 떠났고, 이 사실을 모르는 똘똘이는 혼자서 열심히 실험을 하고 있었다. 그런데 마침 동네 주민들이 그곳을 지나가다가 실험하고 있던 똘똘이를 발견하게 됐다.

"똘똘이 쟤 저기서 뭐 한대?"

"위에서 아래를 계속 내려다보는 게 심상치 않은데요. 혹시?"

"안 되겠어요. 빨리 119에 신고합시다."

결국 주민들의 신고로 119 구급차가 도착했고, 똘똘이 구출 작전이 시작됐다.

"꼬마야, 거기서 움직이지 말고 잠깐만 있어."

"뭐야? 저거 나한테 하는 소린가?"

"알아, 아저씨도 네 나이 때는 그랬어. 네 맘 다 알아. 아저씨가 고민 상담해 줄 테니까 딱 5분만! 제발 다시 생각해 보지 않겠니?"

'아, 불이나 끄러 가세요. 아저씨.'

그때 마침 시장을 보러 나가던 똘똘이 엄마가 이 광경을 보고는 충격에 휩싸여서 눈물을 흘렸다.

"똘똘아, 엄마가 무조건 잘못했어. 거기서 내려와. 얼른!"

'아, 이거 뭐야? 엄마까지 왔잖아. 난 오늘 죽었다. 그냥 뛰어내려? 안 되겠다. 그냥 내려가는 게 낫겠어.'

그렇게 똘똘이의 자살 소동은 끝났다. 하지만 집으로 돌아온 똘똘이는 부모님으로부터 한 시간이 넘게 두 손을 들고 서 있는 벌을 받고, 다시는 그런 실험을 하지 않겠다는 각서를 쓴 후에야 방으로 들어갈 수 있었다.

그러던 어느 날, 지구과학을 공부하던 똘똘이는 갑자기 또 이상한 생각이 들었다.

"중생대는 쥐라기와 백악기 등으로 나눠져 있는데, 신생대는 왜 3기와 4기밖에 없지? 이거 저자가 실수한 거 아니야? 중간에 신생대 1기와 2기가 빠진 게 틀림없어. 교과서 수정 위원회에 제보해야지. 그럼 엄마 아빠도 이번엔 칭찬해 줄 거야."

다음 날 똘똘이는 바로 교과서 수정 위원회에 전화했다.

"저기요, 지구과학 교과서에요, 신생대 1기와 2기가 빠져 있어서요. 내용이 중간에 빠진 것 같은데요?"

"학생이 뭘 안다고 그래? 신생대는 원래 3기랑 4기밖에 없어."

"네? 지금 학생이라고 절 무시하는 거예요? 1기, 2기 없이 3기, 4기만 있는 게 어디 있어요? 저도 알 건 다 안다고요. 지구법정에 의뢰해서 신생대 1기와 2기가 있다는 사실을 꼭 밝혀내고 말겠어요."

지질 시대는 처음에 1기, 2기, 3기, 4기로 나누었다가 1기는 고생대로,
2기는 중생대로, 3기와 4기는 신생대로 합쳐진 것입니다.

신생대는 왜 3기와 4기밖에 없는
걸까요?
지구법정에서 알아봅시다.

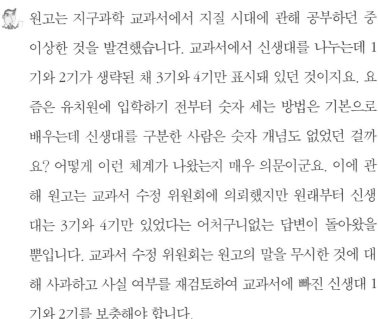

재판을 시작하겠습니다. 신생대라면 중생
대에 이어지는 새로운 지질 시대 가운데
하나이지요. 저도 학생 때 지질 시대에 관
한 공부를 했기 때문에 어느 정도는 기억이 납니다. 하하하!
자, 이제 어떤 문제로 의견이 엇갈리는 건지 들어 봐야겠군
요. 원고 측 변론하십시오.

원고는 지구과학 교과서에서 지질 시대에 관해 공부하던 중
이상한 것을 발견했습니다. 교과서에서 신생대를 나누는데 1
기와 2기가 생략된 채 3기와 4기만 표시돼 있던 것이지요. 요
즘은 유치원에 입학하기 전부터 숫자 세는 방법은 기본으로
배우는데 신생대를 구분한 사람은 숫자 개념도 없었던 걸까
요? 어떻게 이런 체계가 나왔는지 매우 의문이군요. 이에 관
해 원고는 교과서 수정 위원회에 의뢰했지만 원래부터 신생
대는 3기와 4기만 있었다는 어처구니없는 답변이 돌아왔을
뿐입니다. 교과서 수정 위원회는 원고의 말을 무시한 것에 대
해 사과하고 사실 여부를 재검토하여 교과서에 빠진 신생대 1
기와 2기를 보충해야 합니다.

신생대 1기와 2기가 처음부터 없었던 겁니까? 아니면 혹시 다른 이름으로 바뀐 것은 아닐까요?

처음부터 없었던 건지, 아닌지는 잘 모르겠지만 신생대 1기와 2기가 다른 이름으로 바뀌었다면 왜 신생대 3기와 4기만 그대로일까요? 분명히 교과서를 집필할 때 1기와 2기가 빠진 게 틀림없습니다. 하루빨리 이 부분을 보완해야 합니다.

신생대 1기와 2기가 정말 빠진 것인지 알아봐야겠군요. 피고 측의 변론을 들어 봅시다.

신생대는 처음에 1기, 2기, 3기, 4기로 나뉘어 있었습니다. 지금은 신생대 1기와 2기가 없지만, 이것은 없어진 것이 아니라 명칭이 다르게 바뀐 것입니다.

어떻게 바뀌었나요? 그리고 신생대는 어떤 기준으로 나눈 겁니까? 지질 시대에 대해 상세한 설명이 있어야겠군요.

지질 시대에 관한 자세한 설명을 해 주실 학문왕 박사님을 증인으로 요청합니다. 박사님은 지난 20년간 지질 시대에 관해 연구해 오신 소위 지질 시대 베테랑입니다, 하하하!

증인 요청을 받아들이겠습니다.

구부정한 허리에 지팡이를 짚고 나온 60대 후반으로 보이는 할아버지가 길고 하얀 수염을 가지런히 모으며 인자한 표정으로 증인석에 앉았다.

 지질 시대에 관한 박사님의 명성은 익히 들어 잘 알고 있습니다. 지질 시대는 언제 어떻게 구분하기 시작했나요?

 지구에서 가장 오래된 암석은 약 38억 년 전 것으로 알려져 있습니다. 현재 지구의 나이는 46억 세 정도로 보는데, 이는 달의 최초 유인 착륙선인 아폴로 11호가 채집해 온 월석을 분석한 결과입니다. 즉 달의 생성 연도와 지구의 생선 연도가 비슷할 거라는 주장이지요. 또한 지질학 연구 초창기에 영국의 유명한 지질학자 라이엘이 1833년 지층의 특성과 부정합을 기준으로 지질 시대를 제1기, 제2기, 제3기, 제4기로 구분하기 시작했습니다. 그러다가 1872년에는 지층에서 발견되는 생물 화석의 종류에 따라 지질 시대를 선캄브리대, 고생대, 중생대, 신생대로 구분하였지요.

 처음에는 1기와 2기가 존재했었군요. 그런데 언제, 왜 없어진 겁니까?

 없어진 것이라기보다 바뀐 것이라고 해야 맞는 말이겠죠. 처음엔 1기와 2기로 불리다가 이것이 다시 '고생대'와 '중생대'로 불리게 된 것이지요. 3기와 4기는 다시 신생대로 합쳐진 것이고요.

 그럼 신생대를 3기와 4기로 나누는 기준은 뭡니까?

 신생대는 약 6,400만 년 전부터 현세까지를 말하며 3기와 4기의 두 시대의 구분은 시간상 비례 구분이 아니어서 제3기가 신생대의 대부분을 차지하고, 제4기는 200만 년이라는 짧은 역사를 가집니다. 제3기는 크게 팔레오세, 에오세, 올리고세의 고 제3기와 마이오세, 플라이오세의 신 제3기로 나뉘는데 이때는 조산 운동이 활발하여 대서양과 인도양이 확장되고 태평양이 좁아지면서 현재와 비슷한 대륙 형태가 나타나기 시작했습니다. 기후는 대체로 온난하였으나 제3기 말부터 기온이 내려가기 시작해 제4기 초부터 빙하 시대가 시작 되었습니다. 제4기는 홍적세와 충적세로 세분화되는데 홍적세가 구석기에 해당되고 충적세는 신석기에서 현재까지를 이룹니다. 또한 귄츠빙기, 민델빙기, 리스빙기, 뷔름빙기로 진행되는 4번의 빙하기와 3번의 간빙기가 반복되었습니다.

 제3기와 제4기의 두드러진 특징이라면 어떤 것이 있을까요?

 제3기와 제4기는 기후의 차이와 주요 화석의 차이에 의해 나뉜 것입니다. 제3기에는 우리나라의 경우 한반도가 융기 작용으로 동고서저의 경동 지형, 하안 단구, 해안 단구가 형성되었고, 조면암 분출로 백두산이나 독도와 같은 종상 화산이 형성되었습니다. 화폐석은 제3기의 대표적인 표준 화석이기도 합니다. 제4기의 지형은 현재 생성되고 있거나 얼마 전에 형성된 지형으로 선상지, 범람원, 삼각주, 갯벌 등이 있으며 대부분 1만 년 전 이후에 생성된 것입니다. 표준 화석으로는 포유류의 시대인 만큼 매머드가 있습니다.

각 시대에 따른 지형의 구분이 확실하군요. 지금까지 설명으로 신생대는 제3기와 제4기로 나뉘는 것을 알 수 있었습니다. 제4기의 기간은 비교적 짧지만 앞으로도 많은 시간이 흐를 것이고 지형과 기후에 변화가 있을 것이니 제4기는 현재 진행형이군요.

제1기와 제2기가 존재했을 거라는 원고의 짐작이 맞았군요. 학생의 신분으로 호기심을 가지고 의견을 제시하는 태도는 칭찬을 해 줘야겠습니다. 현재는 제1기와 제2기를 고생대와 중생대로 바꾸기로 약속했으니 바뀐 용어를 사용해야겠습니다. 제1기와 제2기가 없어진 이유가 명확해졌으니 이상으로 재판을 마치겠습니다.

재판이 끝난 후, 호기심으로 인해 더 많은 것을 배우게 된 똘똘이는 앞으로도 모든 것에 호기심을 갖는 생활 습관을 유지해야겠다고 다짐했다.

대

대는 지질 시대 구분의 단위를 말한다. 지층에서 나오는 고생물의 특징을 기준으로 선캄브리아대, 고생대, 중생대, 신생대로 구분한다.

삼엽충 화석과
공룡 화석 지대의 땅값

삼엽충과 공룡 화석 중 누가 더 먼저 생겼을까요?

"공룡 죽겠지 마을은 살아 있는 공룡 화석의 보고
입니다. 이 마을 전체를 화석 공원으로 만든다면
여러 가지 부가 가치를 얻을 수 있을 걸로 기대됩
니다."

"좋아, 그럼 거기 살고 있는 사람들은 어떻게 하지?"

"적당히 보상해 주고, 다른 데 가서 살라고 하면 주민들도 좋아
하겠죠."

과학공화국에선 공룡 죽겠지 마을 전체를 화석 공원으로 만들려
는 계획을 세웠고, 며칠 후 공룡 죽겠지 마을에는 이런 소문이 돌

았다.

"이씨, 그 소문 들었어?"

"무슨 소문?"

"글쎄, 우리 마을 전체를 화석 공원으로 만든대."

"또 헛소문 퍼뜨리고 다니는 거 아녀? 자네 말은 도대체 믿을 수
가 있어야지. 자네의 신뢰도를 온도계로 재면 영하야, 영하. 즉 마
이너스!"

"이번엔 진짜래도. 오늘 마을 회관으로 마을 사람들 모두 모이라
고 그랬잖아. 그것도 다 그것 때문에 그런 거래."

"진짜야? 그럼 우리 쫓겨나는 거야?"

"그러게 말이야, 걱정되네."

그날 저녁, 마을 회관에 공룡 죽겠지 마을 사람들이 모두 모였다.

"여러분들도 소문을 들어서 잘 아시겠지만 우리 공룡 죽겠지 마
을이 화석 공원으로 선정되었습니다."

"마을 전체를 화석 공원으로 만든다는 거야?"

"네, 마을 전체가 화석 공원으로 조성될 거라고 하더군요."

"그럼 이장 양반. 우린 어떻게 되는 거야? 쫓겨나는 거야?"

"우리 공룡 죽겠지 마을 사람들은 이번 주까지 다른 곳으로 이주
해야 합니다."

"뭐? 이번 주까지? 해도 해도 너무하는구먼. 쫓아내는 것도 모
자라서 이번 주까지 나가라고?"

"그러게, 도대체 이거 누가 찬성한 거야? 난 절대 이 마을을 떠날 생각이 없네."

"맞아, 태어나서 지금껏 공룡 죽겠지 마을에서 살아왔는데, 우리더러 이제 와서 나가라면 대체 어쩌라는 거야?"

공룡 죽겠지 마을 사람들은 모두 흥분해하며 자신들은 절대로 이 마을을 떠날 수 없다고 강경하게 나왔다.

"그래, 공원을 만들려면 우리를 죽이고 만들라고 해. 난 죽어도 이 마을에서 한 발자국도 못 움직이니까."

"나도 한씨와 뜻을 같이하겠어. 절대 못 떠나!"

"나도."

"여러분, 이렇게 감정적으로 해결할 문제가 아닙니다. 저희를 다른 곳으로 이주시키는 대신 공화국에선 엄청난 보상을 해 주기로 했어요."

"보상?"

보상 얘기가 나오자 사람들의 눈빛이 약간 흔들렸다.

"보상? 그딴 것 필요 없어. 돈 한 푼 던져 주고 우리더러 이 마을을 떠나라고? 어림없지."

"암, 그럼."

사람들은 마음이 약간 흔들렸지만 서로의 눈치를 보며 마음을 굳히는 듯했다.

"근데, 보상이 좀 많아요."

그 순간 마을 사람들은 조용해졌다.

"얼마나?"

"한 가구당 다른 마을로 가서 집을 한 채 사고도 반평생을 먹고 살 정도쯤 됩니다."

"그럼…… 할 만한데."

"그러게, 그럼 보상 얘기를 처음부터 해 줬어야지. 이장 양반아."

그렇게 빵빵한 보상 덕에 공룡 죽겠지 마을 사람들은 만장일치로 다른 마을로 이주하기로 결정을 내렸다.

"네, 초스피드 아홉 시 삼십 분 뉴스입니다. 오늘 전할 뉴스는 정부에서 땅값 측정을 할 때, 그 마을이 얼마나 오래된 마을인지에 따라 값을 매기기로 했다는 내용인데요, 네, 이런 식으로 간다면 우리나라에서 가장 땅값이 비싸기로 유명한 물남의 땅값은 폭락할 것으로 보입니다. 물남 지역 주민들의 강력한 반발이 예상됩니다. 물남 지역 사람들, 많이 먹었다 아닌가? 그러니까 땅값 폭락해도 너무 섭섭해 하지 마시기 바랍니다."

땅값을 마을의 나이에 따라 결정한다는 소식이 알려지자, 온 마을마다 화석 탐사 붐이 일기 시작했다.

"네, 공화국에서 마을이 얼마나 오래되었는지에 따라 땅값을 책정한다는 방침을 발표한 이후로 화석 탐사 붐이 일고 있는데요, 오늘 새벽에 북변의 한 마을에서 삼엽충 화석이 발견되었다는 소식이 전해지고 있습니다. 이 마을 사람들은 현재 공화국에 땅값 측정을 의뢰한 상태입니다. 네, 속보입니다. 금방 남변의 한 마을에서는 공룡 화석이 발견되었다고 합니다. 이 마을도 지금 공화국에 땅값 측정을 의뢰한 상황이라고 하네요. 땅값이 어떻게 책정될지 참 궁금합니다. 그럼 초스피드 아홉 시 삼십 분 뉴스는 여기까지입니다."

이 일이 있고 며칠 뒤에 공화국에서 책정한 각 마을의 땅값을 발표했다. 그런데 두 마을의 땅값은 똑같이 나왔고, 이 소식을 들은 삼엽충이 발견된 마을에서는 자기네 동네 땅값이 더 비싸야 맞는 거라며 공화국 정부 청사 앞에서 시위를 벌이기 시작했다.

"네, 시위 현장에 나와 있는 김막자 기자."

"네, 시위 현장 전문 기자 김막자입니다. 정부의 땅값 책정 이후 삼엽충 화석이 나온 북변 마을 사람들은 공룡 화석이 나온 남변 마을보다 자기네 동네 땅값이 더 비싸야 한다며 어제 새벽부터 정부 청사 앞에서 시위를 벌이고 있습니다. 이곳 마을 아주머니와 인터뷰해 보겠습니다. 정부의 땅값 책정에 대해서 어떻게 생각하십니까?"

"정부가 오래된 마을일수록 땅값을 많이 쳐 준다고 했던 건 세 살 먹은 어린애도 다 아는 사실이여. 그런데 어째서 삼엽충 화석이 나온 우리 마을 땅값이랑 공룡 화석이 나온 남변 마을 땅값이랑 똑같을 수가 있냐고? 삼엽충이 살아 있었다면 콧방귀 끼고 기절할 노릇이제. 안 그래요, 기자 양반?"

"보시다시피 마을 주민들은 이번만큼은 참을 수 없다면서 어떤 방법을 동원해서라도 정부와 투쟁하겠다고 합니다. 시위 현장에서 전문 기자 김막자였습니다."

"네, 시위 현장을 보셨는데요, 삼엽충 화석이 나온 북변 마을 사람들은 현재 지구법정에 정부를 고소하겠다는 입장을 밝혔다고 합니다. 지구법정에서 북변 마을 사람들의 억울함을 풀어 줄 수 있을까요? 참고로 저도 삼엽충이 발견된 마을의 주민입니다. 언제나 불공정한 소식만을 전해 드리는 초스피드 아홉 시 삼십 분 뉴스였습니다."

화석에는 특수한 지층에서만 발견되는 것이 있어서 그 화석을 보면
그 지층의 연대를 알 수 있는 표준 화석과 그 화석으로
당시의 환경을 알 수 있는 시상 화석이 있습니다.

삼엽충이 먼저 생겼을까요, 공룡이 먼저 생겼을까요?
지구법정에서 알아봅시다.

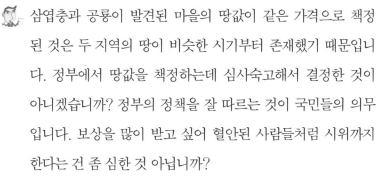

🎩 재판을 시작하겠습니다. 북변 마을 주민
들은 제발 진정하시고 재판을 통해 이 문
제를 해결하도록 합시다. 삼엽충 화석과
공룡 화석이 발견된 마을 중에서 어느 마을이 더 오래된 곳이
라고 할 수 있는지 변론해 주시기 바랍니다. 먼저 지치 변호
사의 변론을 들어 보도록 하지요.

🧑 삼엽충과 공룡이 발견된 마을의 땅값이 같은 가격으로 책정
된 것은 두 지역의 땅이 비슷한 시기부터 존재했기 때문입니
다. 정부에서 땅값을 책정하는데 심사숙고해서 결정한 것이
아니겠습니까? 정부의 정책을 잘 따르는 것이 국민들의 의무
입니다. 보상을 많이 받고 싶어 혈안된 사람들처럼 시위까지
한다는 건 좀 심한 것 아닙니까?

🎩 삼엽충과 공룡이 동시대에 살았던 생물이란 말이군요. 북변
마을 사람들이 단지 돈 때문에 시위를 했다기보다는 공룡보
다 삼엽충이 더 오래전부터 존재한 생물이라고 생각했는데
의외의 결과가 나와서 당황한 것은 아닐까요? 너무 돈밖에 모
르는 사람들로 몰아붙이지 마십시오. 삼엽충과 공룡이 동시

대에 살았다는 지치 변호사의 변론에 대해 어쓰 변호사의 변
론은 어떤지 들어 보겠습니다.

삼엽충과 공룡은 동시대에 살지 않았습니다. 두 생물이 어느
시대에 살았는지, 어떤 생물이 얼마나 더 오래전부터 존재했
는지 등을 알아보기 위해 증인을 요청합니다. 증인은 20년
동안 지구상의 생물의 역사를 연구해 오신 박과거 생물학자
이십니다.

증인 요청을 받아들이겠습니다.

흙이 잔뜩 묻은 등산화를 신고 창이 큰 모자를 쓴
60대 초반쯤으로 보이는 증인은 오랜 기간의 연구로
허리가 휘어진 듯했다.

삼엽충과 공룡이 화석으로 발견되었다고 하는데 화석은 어떻
게 만들어지는 것입니까?

화석은 오래전 생물이 지층 속에 묻혀서 몇만 년이 지나는 동
안에 공기나 지하수 등과 접촉하지 않고, 세균 등의 작용으로
분해되지 않아, 생물체 성분이 탄산석회, 규산, 황철광, 산화
철 등으로 바뀌어 돌처럼 딱딱하게 남은 것입니다. 연한 피부
나 살은 빨리 분해되고 단단한 뼈나 껍데기가 화석으로 남는
것인데 뼈 따위도 녹아 없어지고 그 흔적만 남는 경우도 있습

니다.

 화석으로 얼마나 오래된 토양인지를 알 수 있습니까?

알 수 있습니다. 화석에는 특수한 지층에서만 발견되는 것이
있어서 그 화석을 보면 그 지층의 연대를 알 수 있는 표준 화
석과 그 화석으로 당시 지층의 환경을 알 수 있는 시상 화석
이 있습니다. 표준 화석은 생물이 살았던 기간이 짧으면서도
널리 분포되어 있는 화석을 말하며, 시상화석은 대체로 환경
의 활동 범위가 좁은 화석을 말합니다. 시상화석의 대표적인
예로 산호나 유공충 등을 들 수 있는데, 이러한 것이 발견되
는 지대는 한때 바다였다는 것을 의미합니다. 그러므로 화석
은 지질 시대에 살던 생물, 기후, 지층을 알아보는 데 중요한
자료가 됩니다. 뿐만 아니라 말이나 코끼리의 화석처럼 진화
의 증거를 보여 주는 것들도 있는데 이러한 화석은 석유 탐사
때 이용되는 유공충의 화석처럼 광물 자원을 탐사하는 데 중
요한 자료가 됩니다.

공룡에 대해서는 많이 들어서 아는데 삼엽충은 어떤 생물입
니까?

삼엽충은 절지동물에 속하는데 오늘날의 곤충이나 다른 절
지동물과 마찬가지로 등껍질이 여러 개의 마디로 이루어져
있으며 머리, 몸통, 꼬리로 구분되지만 배 쪽에는 촉각과 다
리가 달려 있습니다. 작게는 1mm에서 최대 72cm까지 다양

한 크기가 있으며, 머리에는 보통 한 쌍의 눈이 달려 있는데 상당히 복잡한 형태로 이루어져 있기 때문에 삼엽충을 분류하는 데 가장 중요한 연구 대상이 됩니다. 몸통은 2-40개의 마디로 이루어져 있어서 몸을 동그랗게 움츠릴 수 있으며, 꼬리는 반원형이고 가장자리에는 가시 모양의 돌기가 나 있는 경우가 많습니다. 다른 절지동물들처럼 탈피에 의해 성장하므로 허물을 벗고 난 후에 남긴 껍질들이 화석으로 보존되는 경우가 많습니다. 허물을 벗을 때 삼엽충의 마디를 이루고 있던 각 부분들이 쉽게 분리되므로 화석으로 발견될 때에는 보통 머리, 몸통, 꼬리가 모두 붙어 있는 경우는 매우 드뭅니다.

 그러면 삼엽충과 공룡은 각각 어느 시대에 살았나요?

 삼엽충은 캄브리아기에 출현한 절지동물로 거의 최초로 지구 상에 등장한 생물입니다. 매우 성공적으로 번영했으며, 고생대 전기에 크게 번성하다가 후기에 서서히 줄어들면서 페름기 말에 자취를 감추었습니다. 고생대를 삼엽충 시대라고 할 정도로 삼엽충은 고생대를 대표하는 생물이자 화석이 확실합니다. 지질 시대는 크게 캄브리아기, 고생대, 중생대, 신생대로 나눌 수 있는데 그 시대를 대표하는 각각의 표준 화석을 살펴보면 어느 것이 더 오래된 지대인지를 쉽게 구분할 수 있습니다.

스트로마톨라이트, 콜레니아는 선캄브리아대, 삼엽충, 필석, 갑주어, 푸줄리나는 고생대, 암모나이트, 공룡은 중생대, 화폐석, 매머드는 신생대의 표준 화석입니다. 지질 연대를 알기 위한 방법에는 이렇게 지질학적 사건 또는 지층 및 암석의 선후 관계를 밝히는 것, 즉 상대 연령으로 측정하는 방법이 있고, 다른 한 가지 방법은 방사성 동위 원소를 이용하여 반감기를 계산하는 절대 연령 측정법도 있습니다.

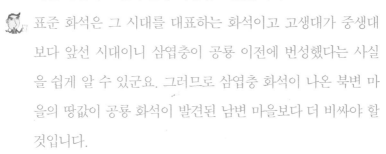

표준 화석은 그 시대를 대표하는 화석이고 고생대가 중생대보다 앞선 시대이니 삼엽충이 공룡 이전에 번성했다는 사실을 쉽게 알 수 있군요. 그러므로 삼엽충 화석이 나온 북변 마을의 땅값이 공룡 화석이 발견된 남변 마을보다 더 비싸야 할 것입니다.

지질 연대를 표준 화석으로 판별하는 손쉬운 방법이 있었는데 그동안 이 문제를 해결하지 못해 모두들 고생을 했군요. 정부에서는 화석의 지질 연대를 재검토하여 북변 마을의 땅값이 남변 마을보다 비싸게 책정되도록 조정해야 합니다. 북변 마을 주민들은 이제 더 이상 시위를 그만두고 정부의 땅값 조정을 기다리십시오. 이상으로 재판을 마치겠습니다.

재판이 끝난 후, 북변 마을 주민들은 더 이상 시위를 하지 않았지만, 한편에서는 오래된 땅일수록 땅값을 더 많이 주는 정책은 공정하지 않다는 여론이 거세졌다. 그래서 결국 정부는 이 정책을 다른 정책으로 대신하겠다고 약속했다.

고생대

고생대는 지질 시대에서 원생대와 중생대 사이의 시기로 지금부터 약 5억 7,000만 년 전부터 2억 2,500만 년 전까지를 이른다. 시간적인 순서대로 캄브리아기, 오르도비스기, 실루리아기, 데본기, 석탄기, 페름기로 세분된다. 무척추동물과 삼엽충이 크게 번성하였기 때문에 '무척추 동물의 시대' 또는 '삼엽충 시대'라고도 한다.

호박 보석 속에 벌레가?

벌레가 들어 있는 보석은 진짜일까요? 가짜일까요?

"자기 뭐해?"

"나 지금 마사지하고 있어."

내숭녀 씨는 비빔밥을 비빈 양푼 그릇을 한 손에 들고 다른 한 손으로는 비빔밥을 한 숟가락 가득 퍼서 입 안에 넣으면서 전화를 받고 있었다.

"우리 자기는 피부 관리 안 해도 애기 피부 같은데 마사지까지 하면 완전 천사 같겠다."

"아잉, 부끄럽게 왜 그래?"

"그건 그렇고, 내일 주말인데 뭐 할 거야?"

'그래, 이럴 때 한 번씩 튕겨 줘야지. 내일은 집에서 잠이나 실컷 자자.'

"나 내일 제주도에서 세미나 있는데, 그래서 내일은 자기랑 못 만날 것 같아."

"그래? 내일 세미나 잘 다녀와. 그럼."

내숭녀 씨는 전화를 끊자마자 비빔밥을 입속으로 마구 퍼 넣기 시작했다.

"계집애, 웃긴다, 웃겨. 세미나는 또 뭐야? 너 혼자 제주도에서 세미나 하냐?"

"여태까지 네가 이 나이 먹도록 남자 친구 하나 없는 이유가 있어. 남자가 만나자고 한다고 덥석 만나 버리면 남자는 여자에 대한 매력을 잃게 돼. 즉, 연애는 밀고 당기기를 잘해야 된다는 거지. 알겠냐?"

"어이쿠, 연애 박사 나셨네. 이번 참에 아예 대학가로 진출하시죠. 그 사람이 네가 앞머리 까고 몸뻬 바지 입고 비빔밥 퍼먹는 모습을 봤어야 하는 건데. 아, 사진 찍어서 팔아 봐?"

"이제, 나한테 80% 넘어왔어."

평소에 칠칠맞지 못하고 남자를 밝히던 내숭녀 씨는 남자 앞에서는 180°C 변하는 내숭족에서도 최고봉이었다. 내숭녀 씨는 며칠 전부터 새 남자 친구를 사귀게 됐는데, 지금까지 만난 사람 가운데 가장 마음에 들어서 열심히 작업하는 중이었다.

'띠리리리······'

"누구야? 아침부터."

아무 생각 없이 오후 1시까지 푹 자고 있던 내숭녀 씨는 비몽사몽 중이라 신경질을 내며 전화를 받았다.

"자기야~ 목소리가 왜 그래?"

"으으응? 자기야?"

"응, 자기가 제주도로 세미나 간다고 그래서 나 지금 제주도에 가는 중이거든? 생각해 보니까 자기 세미나 마치면 제주도에서 같이 놀다 오면 될 것 같아서."

'오 마이 갓!'

남자 친구가 제주도로 날아가고 있다는 말에 잠이 확 깬 내숭녀 씨는 허겁지겁 일어나서 짐을 챙긴 뒤 초스피드로 공항에 갔다.

띠리리-.

"아, 또 뭐야? 귀찮게······ 여보세요?"

"응? 나 지금 제주도에 도착했는데, 자기 세미나 어디서 하고 있어?"

"세미나? 으흠, 여기가 어디더라? 호텔 이름이 기억이 잘 안 나네."

"호텔? 혹시 해녀 호텔 아니야?"

"아아, 맞다, 맞아. 해녀 호텔. 거기 맞는 것 같다. 세미나 때문에 정신이 없어서."

"그래? 그럼 거기 가서 연락할게. 조금만 기다려."

제주도에 도착한 내숭녀 씨는 택시를 타고 해녀 호텔로 달려갔
고, 호텔 카페에서 남자 친구를 만났다.

"자기, 세미나 한다고 밥도 못 먹었지? 우리 바닷가에 왔으니까
회 먹으러 갈까?"

"어머, 회? 좋지. 피부 미인인 나한테 너무 잘 어울리는 음식
이네."

그렇게 내숭녀 씨와 남자 친구는 고급 횟집에 들어갔다.

"아, 부드러운 이 맛. 회는 딱 세 점 먹었을 때 만족이 극대화된대."

정확히 세 점을 먹은 숭녀 씨는 젓가락을 가지런히 내려놓았다.

"자기, 안 먹어?"

"응, 세 점 먹었더니 난 배부르네. 자기나 많이 먹어."

숭녀 씨의 남자 친구는 그런 숭녀 씨의 모습이 귀엽기만 했다.
그러나 숭녀 씨의 남자 친구가 화장실에 가자마자 그녀는 젓가락
을 들더니 순식간에 남은 회를 먹어 치우기 시작했다.

"오매, 이 아까운 것들. 어쩐다냐, 미안하다, 얘들아. 오늘은 내
가 너희들을 다 못 먹지만, 다음번엔 꼭 다 먹어 치워 주마."

그렇게 무사히 제주도 데이트를 끝낸 내숭녀 씨는 밤이 되어서
야 집으로 돌아올 수 있었다.

"너 오늘 제주도에서 어땠냐?"

"어땠긴, 피곤해 죽는 줄 알았어. 이제 나한테 완전 100% 넘어왔어. 근데, 그게 뭐야?"

"이거? 내 야심작 호박 단추. 되게 고급스럽지 않냐? 오늘 하나 장만했지. 호호호, 나랑 너무 잘 어울리지? 근데, 100% 넘어온 걸 어떻게 증명하냐? 쳇, 그거 순전히 너 혼자만의 착각 아니야?"

"아니래도. 근데, 호박 단추 예쁘긴 되게 예쁘다. 그거 비싸냐?"

"당근 비싸지. 이게 내 몇 달치 월급인데. 아, 그럼 이 호박 단추 그 남자한테 사 달라고 해 봐. 만약 사 주면 너한테 100% 넘어온 걸로 인정하겠어."

다음 날 숭녀 씨와 남자 친구가 만났다. 숭녀 씨는 일부러 기분이 좋지 않은 듯한 표정을 지었다.

"자기야, 무슨 일 있어? 표정이 안 좋네."

"아니야."

"아니긴, 말해 봐."

"휴우~ 어제 내 친구를 만났는데, 자기 남자 친구가 호박 단추를 사 줬다면서 그렇게 자랑을 하지 뭐야? 근데 나더러는 내 남자 친구가 날 진심으로 좋아하는 게 아닌 것 같다고 하는 거야."

"그런 거였어? 진즉에 말을 하지 그랬어?"

이 말을 들은 내숭녀 씨의 남자 친구는 당장 호박 단추를 사서 그녀에게 선물해 주었다.

"짜잔~ 나도 호박 단추로 싹 물갈이했다고!"

"어머머, 어디 보자! 정말 남자 친구가 사 준거야? 그 남자 정말 너 좋아하나 봐."

"거봐, 내가 뭐랬어?"

"근데, 단추 속에 벌레가 있어. 이거 가짜 아니야? 그럼 그렇지. 너한테 비싼 거 사 주기 싫으니까 가짜 사 주고 진짜라고 속인 거야."

친구의 말을 듣고 화가 난 내숭녀 씨는 당장 남자 친구에게 가서 따졌고, 당황한 남자 친구는 가게 주인을 찾아갔다.

"저기요, 호박 속에 벌레가 있어서 찾아왔어요. 돈을 그렇게 받고 가짜를 팔아요?"

"손님, 호박 단추 속에는 원래 벌레가 들어갈 수도 있습니다. 그러니까 흥분하지 마세요."

"뭐요? 보석 안에 벌레가 들어 갈 수 있다고요? 그게 말이 돼요? 이 사람들 이거 완전 사기꾼이잖아. 당신들 때문에 여자 친구랑 깨지게 생겼단 말이야. 당신들을 지구법정에 고소하겠어."

고생대나 중생대의 나무들은 벌레들의 공격으로부터 자신을 보호하기 위해
진액 같은 것을 발산했는데 이때 벌레들이 함께 묻혀 벌레가 들어간
호박 보석이 탄생되기도 했습니다.

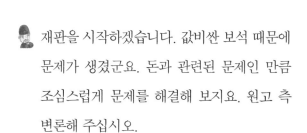

호박 보석 속에 어떻게 벌레가 들어
갔을까요?
지구법정에서 알아봅시다.

재판을 시작하겠습니다. 값비싼 보석 때문에
문제가 생겼군요. 돈과 관련된 문제인 만큼
조심스럽게 문제를 해결해 보지요. 원고 측
변론해 주십시오.

원고는 여자 친구에게 줄 호박 보석을 비싼 값을 지불하고 샀
습니다. 그런데 호박 보석 안에 벌레가 들어 있었고 이에 대
해 불만을 제기했으나 가게 주인은 보석 안에 벌레가 들어갈
수도 있다며 별 문제가 없다는 시큰둥한 반응입니다.

보석 안에 벌레가 들어갈 수 있습니까?

천연 보석은 아주 오래전에 굳어진 돌이므로 절대로 벌레가
들어갈 수 없습니다. 분명히 가짜 보석일 것입니다. 진짜를
모조한 가짜 보석을 진짜 보석으로 둔갑시켜서 비싼 값을 받
고 팔아먹은 피고는 보석 가격 전액을 원고에게 보상할 것과
그에 합당한 처벌을 요구하는 바입니다.

갈수록 중국산이나 해외에서 수입한 물건들을 국내산으로
둔갑시켜 판매하는 사람들이 늘고 있습니다. 때문에 정부에
서는 이런 행위를 중죄로 다스려 강력한 처벌을 내리고 있습

니다. 가짜 보석을 진짜로 둔갑시켜 판매한 것이 사실이라면 그 죗값은 아주 클 것입니다. 보석의 진위를 가리는 것이 이 사건의 관건이겠군요. 계속해서 피고 측 변론을 들어 보겠습니다.

호박 보석이 만들어지는 과정은 다른 보석이 생성되는 과정과는 약간의 차이가 있습니다. 호박 보석의 생성 과정과 특징에 대해 증인을 모시고 듣도록 하겠습니다. 증인으로는 세계 보석 박물관의 값비싸 소장님이 자리하고 계십니다.

증인 요청을 받아들이겠습니다.

　머리부터 발끝까지 보석으로 치장한 50대의 여성은 번쩍번쩍한 보석 속에 파묻혀 온몸이 빛나고 있었는데 그중에서 노란 호박 목걸이가 가장 눈에 띄었다.

보석 박물관을 관장하시는 분답게 보석을 사랑하시는 분이시군요. 증인께서 목에 걸고 계신 호박 보석은 주로 어디에서 발견됩니까?

호박의 산지로는 러시아가 대표적인데 특히 발트해 연안에 비가 많이 오면 질 좋은 원석들이 둥둥 떠 내려와 해안에서 이를 채취하곤 합니다. 재미있는 것은 보석 중에 소금물에

뜨는 것은 호박밖에 없다는 것입니다.

 호박이 보석이라니, 이름이 먹는 호박과 같은데 호박 보석은 어떻게 생겨난 이름인가요?

 영어권에서는 호박을 'amber'라고 부르는데, 갑오징어를 주식으로 하는 스펌 고래의 내장에서 생기는 콜레스테롤 성분 덩어리를 아랍 사람들이 'ambergris'라고 부르는 데서 유래되었습니다. 호박의 원석도 이것처럼 바다에 떠 있다가 같은 방법으로 건져 내곤 했기 때문에 이런 이름이 붙여진 것이지요. 독일과 네덜란드에서는 호박이 불에 잘 타고 황금빛 색상이어서 '불타는 돌'이라는 의미가 있으며 중국에서는 호랑이가 죽어서 그 혼이 들어간 돌을 '호박'이라고 부릅니다.

 호박 보석이 가지는 특징은 어떤 것이 있습니까?

 아프리카에서는 결혼 선물로 호박을 애용했고 19세기 말까지는 화폐로도 사용했습니다. 우리나라에서도 호박을 부와 후덕의 상징으로 여겨 족두리나 마고자 단추, 노리개 등에 널리 사용했습니다. 한편 오래전부터 호박에 약효가 있다고 여겨져 의학의 아버지 히포크라테스도 호박을 약으로 썼고, 로마 시대에는 꿀과 섞어 먹으면 위와 이비인후 질환에 좋다고 믿었습니다. 호박은 특히 갑상선 환자에게 효능이 있으며 수줍음을 타거나 예민한 성격을 가진 사람의 마음을

편안하게 해 준다는 설도 있습니다. 호박의 표면에 있는 특수한 산은 신경계통, 심장, 콩팥의 질환을 치료하는 데 널리 사용되었으며, 호박을 몸에 지니면 나쁜 기운을 물리치고 긍정적인 에너지를 얻는다고 하여 호신 보석으로 애용하기도 했습니다.

 호박이 의학적인 효능을 발휘한다고 하니 가치가 더욱 높아지겠습니다. 이처럼 유용하게 사용되는 호박은 어떻게 만들어집니까? 그런데 호박 속에 벌레가 들어가는 것이 가능합니까?

 고생대나 중생대에는 나무들이 엄청 컸는데 이런 나무들은 벌레들의 공격으로부터 자신을 보호하기 위해 진액 같은 것을 발산했습니다. 특히 소나무 같은 식물들은 송진과 같은 진액을 한번에 1ℓ 정도 발산했지요. 그 진액이 땅속으로 스며들어 높은 온도와 압력을 받으면 진액의 여타 성분은 빠져나가고 땅속에 있던 돌 따위의 성분이 그 공간을 채우게 됩니다. 그러면 진액이 굳을 당시의 형태와 색을 유지하면서 점점 석화되는 것이지요. 그런데 송진이 흘러내릴 때 송진 속에 있던 벌레들이 함께 묻히는 경우도 있습니다. 이런 경우 벌레가 들어간 호박 보석이 탄생되는 것이지요. 단 석화가 되기까지는 몇만 년의 시간이 걸립니다.

 벌레가 들어간 호박 보석은 그 가치가 어느 정도 됩니까?

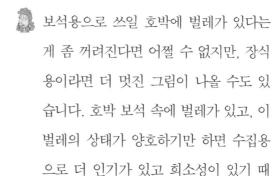

호박

호박은 나무 수지의 화석이다. 호박은 전세계적으로 발견되지만, 가장 많이 발견되는 곳은 발트해의 해안 지역이다. 호박은 주로 오렌지색이나 갈색을 띠며 막대 모양이나 방울 모양으로 산출된다.

보석용으로 쓰일 호박에 벌레가 있다는 게 좀 꺼려진다면 어쩔 수 없지만, 장식용이라면 더 멋진 그림이 나올 수도 있습니다. 호박 보석 속에 벌레가 있고, 이 벌레의 상태가 양호하기만 하면 수집용으로 더 인기가 있고 희소성이 있기 때문에 그 가치는 더욱 올라갑니다.

그렇다면 벌레가 들어간 원고의 호박 보석은 지불한 값보다 더 가치가 높겠군요. 오히려 환불받는 게 더 손해 보는 장사겠네요. 하하하! 아직도 환불받겠다는 생각엔 변함이 없으신가요?

벌레가 들어간 호박 보석이 훨씬 더 가치가 높다고 하니 원고는 환불하지 않고 장식용으로 소장하는 것이 더 좋겠군요. 물론 환불을 원한다면 환불을 받을 수도 있으니 결정은 원고가 직접 하도록 하세요. 호박 보석이 건강에도 좋다고 하니 앞으로도 계속 많은 사람들에게 사랑받을 수 있겠습니다. 호박 보석이 탄생되기까지 오랜 세월을 견뎌 낸 만큼, 그 가치를 알고 소중히 간직했으면 하는 바람입니다.

재판이 끝나 후 내숭녀 씨의 남자 친구는 그녀에게로 달려가 벌레가 들어 있는 호박 보석이 더 가치 있다는 것을 설명해 줬다. 그

리고 남자 친구가 숭녀 씨에게 다시 만나자고 하자 숭녀 씨는 못 이기는 척하며 그러자고 했다. 둘은 결국 오랜 연애 끝에 결혼에 골인해서 주위 사람들을 깜짝 놀라게 했다.

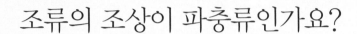

조류의 조상이 파충류인가요?

새의 조상인 시조새는 조류일까요? 파충류일까요?

"하 박사님 아들은 이번에 미국으로 유학을 간다고요?"

"고등학교 1학년이라고 들은 것 같은데, 벌써 유학을 보내시려고요?"

"네, 그 녀석이 이번에 조기 졸업을 했습니다. 학교에서도 더 이상 가르칠 게 없다면서 미국으로 유학 보내는 게 차라리 나을 것 같다고 하기에 큰맘 먹고 보내기로 했습니다."

"역시, 그 아버지에 그 아들입니다."

"과찬이십니다. 하하하!"

"그건 그렇고, 우리 김 회장님도 아들 자랑 좀 해 보세요."

"저는 뭐, 아들 얘기라면 더 이상 할 말이 없습니다."

"아, 김 회장님 아들은 말썽을 많이 부린다고 했죠? 요즘에도 그렇게 속을 썩이나요?"

"어이구, 말도 마세요. 포기란 말은 배추 셀 때나 하는 얘긴 줄 알았는데, 아들한테까지 쓰게 될 줄 누가 알았겠습니까? 말 그대로 저는 포기했습니다."

"도대체 어떻기에요?"

"글쎄, 어제 모의고사 성적표가 나왔기에 보니까 전교 꼴등이지 뭡니까? 정말 부끄럽습니다."

그 얘기를 들을 사람들은 김 회장이 안 됐다는 생각이 들어 너도나도 위로의 말을 해 줬다.

"하하하, 뭘 그런 걸 가지고 그러세요? 성적이야 잘 나올 때도 있고, 못 나올 때도 있고 그런 거지요. 안 그렇습니까?"

"그럼요, 저도 학창 시절엔 꼴등만 도맡아서 했다니까요."

"글쎄 그것뿐만이 아닙니다. 고등학생이나 되는 놈이 아직 구구단도 못 외운다니까요. 그러니 제가 속이 안 터지겠습니까?"

그 말을 들은 사람들은 더 이상 어떻게 위로해야 할지 몰라 서로의 눈치만 살폈다.

"아유, 닭대가리 같은 놈."

"그런데, 김 회장님 지금 그 말씀은 좀 심하십니다."

"뭐가 심하다는 말씀이신지……."

"닭대가리 같은 놈이라니요, 그건 조류를 폄하하는 발언이잖아요."

"그렇긴 합니다. 아드님 일은 비록 유감이지만 그런 발언은 삼가셨으면 합니다."

"참, 사람들도. 닭대가리 같다는 말을 나만 쓰는 것도 아니고, 다들 쓰는 말인데 그까짓 것 가지고 웬 꼬투리를 그리 잡으십니까?"

"다른 사람들이 아무리 조류를 무시해도, 조류 학회 회장님께서 그러시면 안 되죠. 안 그렇습니까?"

"맞습니다. 이런 말을 듣고 보니 조류 학회 회장의 자질에 의심이 생기는군요."

"그러게요, 우리가 너무 성급하게 회장직을 내준 건 아닌가 하는 후회까지 듭니다."

"누가 회장직을 달라고 한 것도 아니고, 이 사람들 아주 웃기는구먼."

"그렇게 아니꼬우면 우리 조류 학회에서 탈퇴해 주세요."

"에이, 더럽다, 더러워. 퉤퉤! 내가 여기 아니면 갈 데가 없을 줄 알아? 조류 좋아하시네. 이런 닭대가리 같은 놈들. 어디 잘 먹고 잘 살아라."

그렇게 닭대가리 발언으로 조류 학회 회원들의 원성을 산 조류 학회 회장 김날자 씨는 결국 조류 학회에서 탈퇴하고 파충류 학회의 학회장이 되었다. 그렇게 파충류 학회장이 된 김날자씨는 자신의 닭대가리 발언을 정당화시키기 위해 닭의 아이큐에 관한 실험과 연구를 시작했고, 이에 관한 논문을 쓰는 데 몰두했다.

"김 회장님 어디 다녀오세요?"

"아, 일산에 있는 양계장에 다녀오는 길입니다."

"복날도 아닌데 양계장에는 웬일로……."

"아, 제가 닭대가리에 관한 연구를 좀 하느라고요."

"닭대가리요? 하하하! 어떤 연구를 하시는지는 몰라도 참 재미있는 연구를 하시나 봐요."

파충류 학회와 조류 학회는 일 년마다 정기적으로 세미나를 해 왔는데, 이번에는 두 학회가 공동 세미나를 열게 되었다.

"김 회장님, 조류 학회 회원들과 만나는 게 껄끄럽지 않으세요?"

"껄끄럽긴요, 그 닭대가리 같은 놈들은 하도 머리가 나빠서 벌써 내 존재는 까마득히 잊었을걸요. 하하하!"

김날자 씨는 조류 학회 회원들에게 여전히 좋지 않은 감정을 가지고 있었다.

"네, 파충류 학회와 조류 학회의 공동 세미나인 만큼 두 학회 회장님의 말씀을 안 들어 볼 수 없겠군요."

"우선, 파충류 학회의 회장님인 김날자 씨를 모셔 보겠습니다."

"네, 안녕하십니까? 우선, 파충류 학회와 조류 학회의 공동 세미나에 와 주신 여러분들께 감사의 말씀을 드립니다. 지난 일 년 동안 파충류와 조류에 대한 많은 연구를 해 왔습니다. 그 결과 조류의 조상은 파충류라는 결정적인 단서들을 많이 발견했습니다. 이에 대한 논문을 지금 준비 중인데, 논문이 완성될 때 다시 한번 공동 세미나를 열어서 정식으로 논문을 발표하고 싶군요."

그 순간 객석이 술렁거리기 시작했다.

"저 사람 지금 무슨 소리를 하고 있는 거야. 조류의 조상이 파충류라고?"

"그러니까, 그게 말이나 되는 소리야? 조류 학회장까지 지낸 사람이 어떻게 저런 말을 할 수가 있어?"

"조류 학회에서 쫓겨나서 아직 우리한테 안 좋은 감정이 있는 게 틀림없어."

"이대로 당하고만 있을 수는 없지."

김 회장이 조류의 조상이 파충류라고 말하자 조류 학회 회원들은 더 이상 참을 수 없다며 이의를 제기했다.

"조류의 조상이 파충류라는 김날자 씨의 말에 동의할 수 없습니다."

"뭐가 어쩌고 어째? 김날자 씨, 나이도 어려 보이는데, 정말 무례하군요. 허허허!"

"지난번에는 닭대가리 발언으로 우리 조류 학회를 무시하더니, 이번에는 조류의 조상이 파충류라고? 당신의 그런 무식한 발언을 더 이상 간과할 수 없소."

"닭대가리 신봉자들 주제에 어디서 행패야, 행패가?"

"닭대가리, 닭대가리 하는데, 닭대가리가 당신 아들보다 머리가 더 좋을걸?"

"뭐? 이 자식이, 너 말 다했어?"

"아니, 말 다 안 했다. 당신이 우리 조류 학회에서 쫓겨나서 이런 식으로 분풀이하는 것 같은데, 우리도 지구법정에 당신을 고소할 거야. 그래서 조류의 조상이 파충류라는 당신의 주장이 얼토당토 않다는 것을 꼭 밝혀내겠어."

"어디, 마음대로 해 보라고."

시조새는 앞다리를 비롯한 온몸에 새처럼 깃털이 덮여 있었는데,
이 깃털은 조류의 최대의 특징입니다. 하지만 이것을 빼고는 대부분
육식 공룡이 가진 특징을 나타냈습니다.

조류의 조상이 파충류라는 말이 정말일까요?
지구법정에서 알아봅시다.

재판을 시작하겠습니다. 이번에는 새의 조상을 찾는다고요? DNA 검사를 할 수도 없고 어떻게 새의 조상을 찾아낼 수 있을지 알아봐야겠군요. 원고 측 변론을 들어 보겠습니다.

피고는 조류 학회에서 쫓겨난 것에 대해 분한 마음이 들어 조류의 조상이 파충류인 공룡이라는 내용의 논문을 펴냈다고 합니다. 어떻게 종이 다른 조류와 파충류가 후손과 조상의 관계일 수 있습니까? 당장 논문 집필을 중단할 것을 요구합니다.

피고 측 논문의 내용은 새의 조상이 공룡이란 말이군요. 원고 측은 이를 받아들일 수 없다는 거고요.

물론입니다. 공룡과 새는 아무리 보아도 종 간의 연관성이 없어 보입니다. 원숭이와 인간처럼 서로 비슷한 점이 있는 것도 아닌데 이들이 무슨 관계가 있단 말입니까? 김 회장의 발언은 조류를 완전 무시하는 행위입니다. 피고는 원고의 자존심에 돌이킬 수 없는 흠집을 낸 것이지요. 당장 사과하십시오.

원고 측의 감정이 아주 격해져 있네요. 진정하십시오. 그럼 피고 측은 왜 새의 조상이 파충류라고 주장한 건지 변론을 들어 보겠습니다.

새의 역사에서 최초의 조상은 시조새입니다. 그런데 뜻밖에도 시조새는 조류가 아닌 파충류에 속하는 공룡입니다. 시조새와 공룡은 비슷한 점이 굉장히 많지요.

시조새와 공룡은 어떤 점이 비슷합니까?

시조새와 공룡의 관계에 대해 설명해 주실 증인을 모셨습니다. 세계 동물 학회의 조룡 회장님을 증인으로 요청합니다.

증인 요청을 허락합니다.

홀쭉한 볼에 웃는 눈을 가진 50대 초반의 중년 남성이 눈에 띄는 하늘색 양복을 차려입은 채 증인석에 앉았다.

공룡과 새가 어떤 관계인지 알고 싶은데요, 공룡이 새의 조상이라고 할 수 있습니까?

새의 기원에 대한 논의는 1861년 독일에서 발견된 시조새 아케옵테릭스 화석에서 비롯됐습니다. 시조새는 깃털을 빼고는 육식 공룡이 가진 대부분의 특징을 가지고 있었기 때문에 공룡에 속하는 종으로 볼 수 있습니다.

어떤 공통점이 있습니까?

 아케옵테릭스는 이빨을 가진 부리, 긴 꼬리, 날카로운 발톱, 치골이 뒤로 향한 것 등이 소형 육식 공룡인 코엘로사우루스류와 매우 흡사합니다.

 시조새는 최초의 새이죠? 그렇다면 시조새는 조류의 어떤 특징을 가집니까?

 시조새는 앞다리를 비롯한 온몸에 새처럼 깃털이 덮여 있는데, 이 깃털은 조류의 최대의 특징입니다. 시조새의 다리를 자세히 살펴보면 비늘에서 깃털로 변했다는 사실을 알 수 있습니다. 공룡이 새의 조상이라는 주장을 뒷받침하는 증거는 또 있습니다. 오직 새와 일부 공룡만이 앞발을 사용하지 않는 이족 보행을 하였고, 수각류 공룡은 새처럼 뼛속이 비어 있어 골격이 가벼웠습니다. 또한 치골로 진화하는 쇄골이 수각류의 벨로시랩터에게서 발견된 점과 수각류 공룡이 새처럼 뒤 발가락 가운데 세 개의 발가락만 사용하고, 첫 번째 발가락과 다섯 번째 발가락은 퇴화되어 첫 번째 발가락이 뒤쪽으로 이동했다는 점 등을 들 수 있습니다.

 시조새가 공룡과 새의 중간 단계로 여겨질 만한 증거가 굉장히 많군요. 그런데 시조새는 어떻게 해서 날게 된 건가요? 처음부터 날지는 않았을 것 같은데요.

 시조새가 날 게 된 것은 덩치가 큰 공룡들 사이에서 작은 공룡이 살아남기 위해 진화한 것입니다. 특히 시조새가 날게 된 이유로 가장 가능성이 많은 두 가지 가설이 있는데, 하나는 나무 위에서 떨어지지 않기 위해서 날개가 생겨났다는 것이고, 나머지 하나는 공중에 날아다니는 곤충을 잡아먹기 위해 뛰어다니다가 깃털이 진화해 날게 되었다는 설입니다.

 공룡 중에는 익룡이라는 날 수 있는 공룡이 또 있지요? 익룡도 시조새와 비슷한 무리가 아닙니까?

 익룡은 새에게는 있는 깃털이 없고 박쥐처럼 털로 덮여 있기 때문에 새라고 볼 수 없습니다. 시조새의 또 다른 특징으로는 후각 대신 시력이 발달했다는 점과 둥지를 만들어 새끼를 키웠다는 사실입니다. 하지만 발가락은 새처럼 나뭇가지를 붙잡을 만큼 발달하지 못했습니다.

 시조새에 관한 많은 정보들이 밝혀졌군요. 지금까지의 설명을 종합해 보면 새의 조상이 공룡이라는 말이 굉장히 설득력 있어 보이네요. 조류 학회 회원 분들도 받아들일 건 받아들여야겠습니다.

 많은 증거들을 토대로 새의 조상은 시조새이고, 시조새는 공룡에 속하므로 파충류가 조류의 조상이라고 보는 것이 옳다고 봅니다. 조류 학회와 파충류 학회는 쓸데없는 일로 쟁탈전을 벌일 게 아니라 서로 도와 가며 생물의 역사를 연구하는 편이 훨씬 보기 좋을 듯합니다. 조류 학회 회원 분들은 진정하시고 앞으로 파충류 학회 회원들과 사이좋게 지내길 바랍

니다.

　재판이 끝난 후, 새의 조상이 파충류라는 것이 밝혀지자 파충류 학회와 조류 학회는 서로 도우면서 열심히 연구하기로 했다. 또한 조류 학회에 거슬리는 발언을 했다는 이유로 김날자 씨를 학회에서 탈퇴시킨 조류 학회는 그를 다시 조류 학회의 명예 회원으로 받아들였다.

시조새는 중생대 쥐라기 시대에 살았던 조류의 최초 조상이다. 시조새의 생김새는 조류와 파충류의 중간형으로 머리가 작고, 눈이 컸으며, 특히 이빨이 발달했다. 뼈는 등골뼈를 합쳐 50개 정도 됐는데 서로 유착하지 않고 분리되어 있었다.

화석으로 오래된 지층 알아내기

암모나이트와 삼엽충 중 어느 것이 더 오래되었을까요?

사건속으로

"사랑아, 학교 가자!"

"잠깐만 기다려, 딱 5분만."

사랑이보다 100m 윗집에 사는 개똥이는 오늘도 사랑이와 함께 학교에 가기 위해 사랑이 집에 들렀다. 매번 그렇듯 사랑이는 기다리는 개똥이 생각은 하지도 않고 오늘도 여전히 꾸물거리며 늦장을 부리고 있었다. 5분만 기다리라던 사랑이는 10분이 지나도 나오지 않았고, 개똥이는 화가 머리끝까지 치밀어 오르기 시작했다.

"사랑이 너 학교 안 갈 거야? 그럼 나 먼저 간다."

그제야 사랑이가 헐레벌떡 뛰어나왔다.

"넌 뭐가 그렇게 급하니?"

"오늘 시험 친다고 빨리 가자고 한 게 누군데? 잠깐, 너 머리도 다 감고 나온 거야? 난 네가 빨리 가자고 해서 머리도 안 감고 이렇게 거지처럼 하고 나왔는데. 이 나쁜 계집애, 넌 친구도 아니야."

"너랑 나랑 같니? 내가 머리도 안 감고 학교 가는 모습을 남자애들이 보면 뭐라고 생각하겠니?"

'아유, 저 뻔뻔한 계집애. 끝까지 미안하단 말 한마디를 안 하네.'

사랑이는 얼굴이 예뻐서 인기가 많았지만, 예쁜 만큼 싸가지도 없었다. 개똥이는 그런 사랑이를 친구라는 이유만으로 참고 있었다.

"참, 나 오늘 학교 마치고 철수랑 약속 있거든? 그러니까 나 기다리지 말고 너 먼저 가."

'이 계집애가 어디서 가라 말아야? 기가 차서 정말.'

"그래? 나도 약속 있었는데, 잘됐네."

"무슨 약속?"

"응? 그런 게 있어. 넌 몰라도 돼."

"무슨 약속인데? 우리 개똥이 남자 생긴 거야?"

개똥이는 뻔뻔한 사랑이가 얄미워서 거짓말을 한 것인데 사랑이가 계속 캐묻자 매우 난감해졌다.

"어, 학교 다 왔네, 내일 아침에 보자."

그렇게 사랑이는 얼른 교실로 뛰어 들어가 버렸다.

시험을 마친 개똥이는 자신의 신세를 한탄하면서 집으로 발걸음을 옮겼다.

'내 신세는 왜 이런 거야? 시험 끝나는 날인데 데이트 신청하는 남정네 하나 없고. 암울하다, 암울해. 오늘따라 언덕은 또 왜 이렇게 가파른 거야?'

시험을 마치자마자 집으로 돌아온 개똥이는 엄마에게 신세 한탄을 하기 시작했다.

"우리 딸 왔어? 시험을 잘 쳤고?"

"몰라."

"또 왜 그래? 시험 잘 못 봤어?"

"그게 아니라, 왜 내 이름은 하필이면 개똥이야? 사랑이, 유리, 유미, 혜진이, 여성스럽고 사랑스러운 이름도 많은데. 수많은 이름 가운데 왜 하필 개똥이냐고? 내 이름이 개똥이라서 남자들이 거들떠도 안 보는 거야. 다 엄마 아빠 때문이라고!"

'내 이름이 사랑이었으면 나도 남자 친구가 줄줄 따랐겠지? 개똥이가 뭐야. 아유, 분해.'

자신이 남자들에게 인기가 없는 이유가 다 이름 때문이라고 생각한 개똥이는 엄마에게 괜한 심통을 부렸다.

다음 날도 마찬가지로 개똥이는 사랑이와 함께 학교로 향했다.

"나 어제 고백 받았다."

"고백?"

"응, 철수가 나더러 사귀자 그랬어."

"정말? 좋겠네? 그래서 사귈 거야?"

"글쎄…… 옆 반 민수도 나 좋다고 그러고, 3학년에 준수 오빠도 나 좋다고 그러는데 도대체 누구를 선택해야 할지 잘 모르겠어."

그 말을 들은 개똥이는 비위가 뒤틀리기 시작했다.

'진짜 못 들어 주겠네. 저놈의 주둥이를 그냥 콱!'

매일 자기 앞에서 잘난 척하는 사랑이가 못마땅했던 개똥이는 이번 참에 사랑이를 혼내 줘야겠다고 마음먹었다.

오늘 머리에 꽂은 빨간 나비 핀 너무 잘 어울리더라. 언제 봐도 너무 예쁜 사랑아, 난 널 늘 지켜보고 있단다.

이렇게 문자를 쓴 개똥이는 발신 번호를 지운 뒤 사랑이에게 문자를 보냈다. 이 문자를 받은 사랑이는 자신의 인기가 식을 줄을 모른다며 개똥이에게 자랑을 해 댔다.

집에 가는 길이 가파르지? 넘어지지 않게 조심해서 가. 그리고 새로 산 시계 너랑 참 잘 어울리더라.

이 문자를 받은 사랑이는 자신이 시계를 산 걸 그 사람이 어떻게 알았는지 이상하다며 슬슬 겁먹기 시작했다.

장미향의 네 샴푸 냄새가 너무 향기롭다. 핑크빛의 립글로즈도 너무 사랑스러워!

"개똥아, 나 무서워서 못살겠어. 이 사람이 나 감시하고 있나 봐. 안 되겠어, 나 스토킹당한다고 경찰서에 신고해야겠어."

"뭐? 신고? 다 너 좋아서 그런 건데 한번만 용서해 줘라. 다음부터는 안 그러겠지."

"아니야, 이런 놈은 초장부터 뿌리를 뽑아야 돼."

"다 네가 예뻐서 그런 거잖아. 한 번만 더 그러면 신고하고 안 그러면 그냥 용서해 줘."

신고하겠다는 사랑이의 말에 놀란 개똥이는 사랑이를 설득해서 신고를 하지 못하게 타일렀다. 이렇게 사랑이와 개똥이는 매일 티격태격했다.

그러던 어느 날 개똥이와 사랑이가 마을을 떠날 수밖에 없는 사건이 생겼다. 개똥이와 사랑이가 사는 마을이 오래된 지층 지역으로 소문이 나자 정부에서는 이곳을 화석 공원으로 만들겠다는 계획을 세웠던 것이다. 정부는 마을 사람들에게 그 지역의 지층이 더 오래된 것일수록 더 많은 보상을 해 주겠다고 발표했다.

결국 사랑이네 가족과 개똥이네 가족은 자기네 땅을 매일 파헤치면서 자기네 땅이 더 오래된 지층이라는 증거를 찾는 데 혈안이 되었다. 마침내 개똥이네와 사랑이네는 자기네 땅에서 발견된 화

석을 정부에 제출했다. 사랑이네는 삼엽충 화석을, 개똥이네는 암
모나이트 화석을 제출했다. 그리고 며칠 뒤 정부에서는 개똥이네
보다 사랑이네 쪽에 더 비싼 보상금을 책정했다.

"뭐야, 똑같이 화석이 발견되었는데 왜 우리한테는 사랑이네보
다 보상금을 조금 주는 거야?"

개똥이 엄마는 흥분했다. 그리고 보상금 처리에서 뭔가 잘못됐
다며 정부를 지구법정에 고소했다.

지구는 생성된 이후 수십억 년 동안 끊임없이 변동을 겪어 왔는데
지층 속에 지층이 퇴적될 당시의 환경은 물론
당시에 살던 생물들의 자료를 기록해 두었습니다.

화석만으로 어느 지역의 지층이 더
오래되었는지 알 수 있을까요?

지구법정에서 알아봅시다.

재판을 시작하겠습니다. 화석을 통해 지
층의 선후를 결정하는 것이 가능한지 알
아봅시다. 지치 변호사 변론하십시오.

화석을 통해 지층의 연대를 알아내는 것은 불가능합니다. 비
슷한 지역의 지층은 연대도 비슷할 것입니다. 개똥이네나 사
랑이네나 비슷한 시기에 생성된 지층일 것입니다. 그러니 보
상금도 비슷하게 주면 되지 않을까요?

화석으로 지층의 나이를 알아내는 것은 왜 불가능합니까?

불가능하니까 불가능하다고 말씀 드린 건데 왜 불가능하냐고
물으시면 불가능하기 때문에 불가능하다고밖에 말씀드릴 수
없습니다.

아이고 머리야. 지금 말장난하는 것도 아니고 뭡니까?

아이고! 죄송합니다. 저는 그냥 화석과 지층의 연대와는 아무
런 관계도 없다고 말씀 드린 것뿐입니다.

지치 변호사의 말만 듣고는 화석과 지층 사이에 아무런 관계
가 없다고 확정하기는 힘들 것 같습니다. 반대 측 변론을 들
어봅시다.

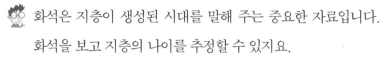 화석은 지층이 생성된 시대를 말해 주는 중요한 자료입니다. 화석을 보고 지층의 나이를 추정할 수 있지요.

화석이 지층의 생성 시기를 말해 준다고요?

화석은 지층의 생성 시기뿐 아니라 당시 환경에 대한 정보도 제공해 주지요. 화석 박사라고 불리는 화석화 박사님을 증인 으로 요청합니다.

증인 요청을 승인하겠습니다.

 50대 후반으로 보이는 남성이 조심스러운 보물을 다루듯 돌덩이 같은 화석을 머리 위와 양손에 가득 엎고 증인석으로 들어섰다.

화석이란 무엇입니까?

지층이 쌓일 때, 동물의 시체나 식물의 줄기 등이 흙이나 모 래 속에 섞여 묻히는 경우가 있습니다. 생물이 죽으면 흙 속 에 묻혀서 산소나 박테리아, 물의 작용으로부터 차단되어 생 물의 단단한 부분, 즉 뼈나 이빨, 껍데기 등만 남는 경우가 있 습니다. 그렇게 남겨진 부분이 오랜 기간에 걸쳐 주변의 지층 과 함께 굳어져 단단한 화석이 됩니다. 화석은 먼 옛날에 살 던 생물의 유해뿐만 아니라 생물의 발자국, 배설물, 기어 다 녔던 자국 등 고생물이 살았던 흔적을 모두 포함합니다.

 지층은 어떻게 생성됩니까? 화석을 통해 지층의 나이도 알 수 있습니까?

 지층이란 간단하게 말해서 퇴적물이 시간이 흐르면서 마치 무지개떡처럼 차근차근 쌓인 것을 말합니다. 이렇게 지층은 시대에 따라 구분되는데 화석은 그 시대에 살던 생물이 퇴적물에 싸여 만들어진 것으로 지층에서 나온 화석을 보면 그 지층이 어느 시대의 것인지 알 수 있습니다. 그 외에도 마그마 열이나 압력, 녹았던 지층이 다시 굳으면서 새로운 지층이 형성되기도 합니다.

 그러면 화석으로 어떻게 지층의 선후 관계를 알 수 있습니까?

 알 수 있습니다. 서로 떨어져 있는 지역의 지층의 선후 관계를 밝히는 작업을 '지층 대비'라고 합니다. 지층 대비를 하는 방법은 크게 비교적 가까운 지역의 지층을 대비할 때에 지층 속 암석의 특징이나 지질 구조의 유사성을 비교하는 '암석에 의한 대비'와 지층 속에 포함되어 있는 화석의 유사성을 비교하는 '화석에 의한 대비'로 분류됩니다. 그중에서 화석에 의한 대비를 가능하게 하는 대표적인 것이 바로 표준 화석입니다.

 표준 화석이 대체 뭡니까?

화석 중에는 어느 특정한 지층 속에서만 발견되는 것이 있는데 이러한 화석은 그 생물이 살았던 시대를 말해 줍니다. 이처럼 화석이 살았던 시대를 통해 그 지층이 생성된 시기를 말해 주는 것을 표준 화석이라고 합니다. 표준 화석이 되기 위한 조건은 그 생물의 생존 기간이 짧아야 하고, 되도록 넓은 지역에 분포하면서 개체 수가 많아야 합니다. 이러한 표준 화석을 이용하면 서로 다른 지역의 지층을 비교, 연구하는 것이 가능합니다.

 표준 화석에는 어떤 화석들이 있습니까?

지질 시대는 선캄브리아대, 고생대, 중생대, 신생대로 나눠지는데 선캄브리아대의 시생대에는 스트로마톨라이트, 박테리아 화석, 원생대에는 콜레니아 화석, 에디아카라 화석 등이 있습니다. 고생대 초기에는 삼엽충과 필석, 중기에는 갑주어, 말기에는 푸줄리나가 표준 화석이며 중생대의 트라이아스기에는 암모나이트, 쥐라기에는 공룡, 신생대 제3기에는 화폐석, 제4기에는 매머드가 표준 화석입니다.

 지층을 연구하면 어떤 정보를 얻을 수 있습니까?

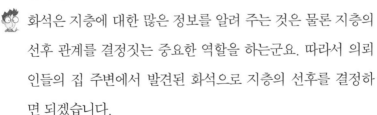 지구는 생성된 이후 수십억 년 동안 끊임없이 변동을 겪어 왔는데 이러한 변동의 증거가 지층 속에 남아 있습니다. 지층 속에는 지층이 퇴적될 당시의 환경이 그대로 기록되어 있으며, 당시에 살던 생물들의 자료가 남아 있습니다. 따라서 지층은 아주 오래전 지구의 역사를 조사하는 데 있어 중요한 자료가 되며, 지층의 생성 시기를 연구하면 지구의 역사를 밝히는 데 큰 도움이 됩니다. 어떤 화석은 그 생물이 살던 당시의 기후, 수심, 수륙 분포, 지형 등의 자연 환경에 대해서도 알려 주는데, 이러한 화석을 시상화석이라고 합니다. 예를 들어 산호 층은 평균 수온이 20℃ 이상, 수심 140m 이내에서만 살기 때문에 산호 화석이 발견된 지층은 옛날에 열대나 아열대 바다였다는 것을 뜻합니다. 또 나이테가 있는 규화목이 발견되면 계절의 변화가 있었다는 증거이며, 고사리 화석이 나타나면 그 지층이 퇴적될 때의 기후가 온난 습윤했다는 것을 말해 줍니다.

화석은 지층에 대한 많은 정보를 알려 주는 것은 물론 지층의 선후 관계를 결정짓는 중요한 역할을 하는군요. 따라서 의뢰인들의 집 주변에서 발견된 화석으로 지층의 선후를 결정하면 되겠습니다.

지층 내의 화석은 지층이 생성될 당시의 환경과 생성 시기를

결정짓는 중요한 자료이군요. 그렇다면 삼엽충이 암모나이트
보다 오래전에 살았던 생물이므로 삼엽충 화석이 발견된 사
랑이네 지층이 암모나이트가 발견된 개똥이네 지층보다 더
오래된 지층이라는 결론이 났습니다. 그러므로 정부의 보상
금 지급에는 전혀 문제가 없던 것으로 판결합니다. 이상으로
재판을 마치겠습니다.

재판이 끝난 후, 화석을 통해 지층의 생성 시기와 선후 관계를
밝힐 수 있다는 것을 알게 된 마을 사람들은 모두 오래된 화석을
찾기 위해 노력했다.

지층

지층은 알갱이의 크기나 성분 따위가 달라서 위아래의 퇴적암과 구분되는 퇴적암체로 퇴적될 당시
의 환경을 잘 설명해 준다. 지층의 두께는 아주 얇은 것부터 수십 미터에 이르는 것까지 다양하다.
서로 다른 층 사이의 경계를 층리면이라고 하는데, 층리면은 새로운 시대의 시작을 뜻한다.

마을의 나이

화석을 통해 정말로 마을의 나이를 계산할 수 있을까요?

"야, 소심이. 우리 심심한데 내기나 할까?"

"무슨 내기?"

"저기 있는 독불 할매한테 아이스께끼 하고 오는 사람한테 떡볶이 사 주기!"

"뭐? 독불 할매한테 걸리면 사형이야!"

"왜 무섭냐? 하긴, 소심한 네가 뭘 하겠어?"

평소에 너무 소심해서 소심이라는 별명을 가진 민기는 친구 동주가 소심하다고 놀리자 오기가 생기기 시작했다.

"떡볶이 내기? 좋아."

"오~ 웬일이야? 그럼 나 먼저 갔다 올 테니까 넌 여기서 구경이나 해."

동주는 독불 할매가 있는 곳으로 번개처럼 뛰어갔다.

"아이스께끼!"

독불 할매는 갑자기 뒤에서 누군가가 아이스께끼를 하자 놀라서 뒤를 돌아봤지만, 동주는 재빨리 번개처럼 사라져 버렸다.

"으악! 누구야! 어느 자식이야!"

마침 안경을 벗고 있던 독불 할매는 동주를 알아볼 수 없어서 얼른 안경을 꺼내어 썼다.

'걸리기만 해 봐, 넌 죽은 목숨이야!'

그 순간 또다시 누군가가 독불 할매에게로 뛰어왔고, 이를 놓칠새라 독불 할매는 그 아이 꽉 잡았다. 그렇게 아이스께끼를 해 보지도 못한 채 독불 할매에게 붙잡힌 민기는 독불 할매네 집으로 끌려갔다.

"네 이놈, 감히 겁도 없이 나한테 아이스께끼를 해? 벌을 좀 받아야겠지?"

"죄송해요, 벌 받을 테니까 제발 부모님께는 말하지 마세요."

"그래? 그럼 어떤 벌을 받을래? 1번, 동네 한가운데서 엉덩이로 이름 쓰기. 2번, 동네 한가운데서 춤추기. 3번 나 업고 동네 한 바퀴 돌기. 자 골라 봐, 이 녀석아."

"할머니, 그런 벌칙이 어디 있어요?"

"그래? 그럼 너네 집에 전화할까, 지금?"

어쩔 수 없이 3번을 고른 민기는 할머니를 업고 동네 한 바퀴를 돌기 시작했고, 동네 사람들은 모두 그 광경을 지켜봤다.

"민기야, 네가 왜 독불 할매를 업고 가? 무슨 일 있냐?"

"아, 네, 할머니가 다리가 아프신 것 같아서 집까지 바래다주려고요."

독불 할매는 쌤통이라는 듯 그저 의미심장한 미소만 지었고, 동네 사람들은 민기가 착하다면서 다들 입이 마르도록 칭찬했다.

그리고 다음 날, 민기와 동주가 또다시 만났다.

"너 완전 착한 아이로 소문났더라?"

"너 때문에 뭐야? 또 나만 걸렸잖아. 나 지금 완전 몸살 났어. 할매가 어찌나 무겁든지."

"그건 그렇고, 너 저기 강 건너 마을에 가 본적 있냐?"

"아니, 당연히 가 본적 없지. 갔다가 큰일 나려고?"

"그래, 큰일 한번 내 볼래? 저기 천리장성 자장면이 그렇게 맛있대."

"뭐? 수학여행 갔을 때 딱 한 번 먹어 본 그 자장면?"

"그렇다니깐. 너도 당기지?"

"그래도 안 돼, 괜히 갔다간 그 동네 사람들한테 맞아 죽을걸?"

"거기 가서 그 동네 사람인 척하면 되잖아. 어제 다른 애들도 갔다 왔대. 그러니까 한번 가 보자."

평소에 장난기가 많은 동주는 또다시 민기를 조르기 시작했고, 동주의 꼬임에 넘어간 민기는 강 건너 동네로 잠입하는 데 찬성했다. 그렇게 옆 동네로 넘어간 민기와 동주는 천리장성을 찾아가서 자장면을 두 그릇 시켰다.

"와, 맛있다. 이 광택 좀 봐."

"그러게, 면발이 살아 있는 것 같아. 너무 맛있어."

그런데 민기의 자장면에서 머리카락이 나왔고, 소심한 민기는 그냥 아무렇지 않게 넘어가려고 했다.

"야, 머리카락이잖아. 여기 주방장! 주방장 좀 와 보라고 해요."

"왜 그러세요?"

"여기, 머리카락이 나왔잖아요. 어쩔 거예요?"

"죄송합니다."

"죄송하면 다예요? 이러니까 우리 강 넘어 마을이 강 건너 마을을 안 좋아 하는 거야."

"네?"

순간 자신이 이 마을 사람이 아니라고 말한 것을 깨달은 동주와 민기는 죽을힘을 다해 뛰어서 자기네 마을로 돌아왔다.

하지만 이 사실은 강 건너 마을 사람들에게 퍼졌고, 강 건너 마을 아이들도 천리장성 아저씨의 복수를 갚기 위해 민기네 마을로 몰래 잠입해 왔다. 그리고는 음식점에 들어가서 짜파게티 두 그릇을 시켰다.

"야, 머리카락 있는지 잘 봐 봐."

"아무리 뒤져 봐도 없는데?"

"안 되겠다. 내 머리카락이라도 뽑아서 넣어야지."

"주방장, 주방장 와 보라 그래요."

"네, 무슨 일이세요?"

머리카락으로 트집을 잡으려던 강 건너 마을 아이들은 주방장의 머리가 대머리인 것을 보고는 기겁을 했다. 머리카락을 손에 들고 아무 말도 하지 못한 강 건너 마을 아이들은 그냥 그대로 자기네 마을로 돌아갔고, 이 사실을 이장에게 알렸다. 화가 난 강 건너 마을의 이장은 강 넘어 마을의 이장을 불러 다리 한가운데서 만났다.

"오랜만이군."

"그러게, 자네 얼굴에 주름이 자글자글한 게 살날이 얼마 안 남은 것 같군."

"뭐, 그건 그렇고 자네 마을 아이들이 우리 마을에 들어와서 행패 부린 사실을 알고 있나?"

"하하하! 애들이 그럴 수도 있지. 자네 마을 자장면 집이 더러운 걸 갖고 왜 우리 애들한테 뭐라고 하나?"

"뭐? 하긴, 자장면 집 하나 없는 후진 동네 사람들하고 무슨 얘기가 통하겠나?"

"이놈의 할배가. 우리 마을보다 전통도 짧으면서 그깟 자장면 집 하나 있다고 더럽게 재네."

"뭐? 전통이 짧아? 우리 마을이 너네 마을보다 더 오래됐거든! 말조심하게."

"하하하! 우길 걸 우겨야지. 우리 동네에서 나이가 제일 많은 할매가 백 살인데, 우리 동네가 먼저 생겼다고 그랬어."

"허허허! 우리 집안은 100대손까지 있는데, 우리 동네에서 손이 제일 짧은 게 그 정도야. 그럼 우리 마을 역사가 어느 정도인 줄 알겠지?"

"이 할배가! 말로는 도저히 안 통하는구먼. 그렇게 빡빡 우겨 봤자 진실이 바뀌지는 않는다고."

"그건 내가 할 말이거든. 그렇게 자신 있으면 당장 지구법정에 가서 몇십 년 동안의 전쟁을 아예 끝내자고!"

지층의 연령에는 절대적인 연령과 상대적인 연령이 있습니다.
절대 연령은 어떤 지질학적 사건이나 암석의 생성 연대를 밝히는 것이고,
상대 연령은 지층의 선후 관계를 밝히는 것입니다.

여기는 **지구법정**

어느 마을이 더 오래되었는지 어떻게
알 수 있을까요?
지구법정에서 알아봅시다.

🙂 재판을 시작하겠습니다. 두 마을의 생성
선후를 알아봐야겠습니다. 어느 마을이
더 먼저 생겼는지는 어떻게 알 수 있습니
까? 지치 변호사부터 변론하십시오.

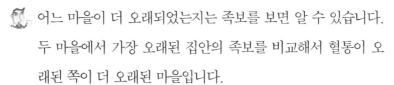

어느 마을이 더 오래되었는지는 족보를 보면 알 수 있습니다.
두 마을에서 가장 오래된 집안의 족보를 비교해서 혈통이 오
래된 쪽이 더 오래된 마을입니다.

🙂 하지만 마을은 더 먼저 생성됐어도 사람들은 더 늦게 살았을
수도 있지 않습니까? 또한 족보는 훼손되기도 하고 처음에 살
았던 사람들은 족보를 쓰지 않았을 수도 있습니다. 족보를 통
해 알아보는 방법은 별로 좋지 못한 것 같은데요.

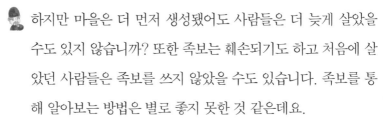

그럼 어떤 방법으로 알아낸다는 말씀입니까? 기록 사항이 있
어야 선후 관계를 알 수 있지 않을까요? 가장 좋은 기록이 족
보인데 족보로 선후 관계를 따질 수 없다면 오래된 마을을 가
려내는 것은 불가능합니다.

🙂 그렇지 않습니다. 더 오래된 마을을 가려내는 과학적인 방법
이 있습니다.

 과학적인 방법이오? 어떻게 오래된 마을을 찾을 수 있습니까?

 지질 연대를 통해 지층의 나이를 알아내면 됩니다. 지질 연대를 구분하는 방법과 생성 시기에 대한 정보를 주실 증인을 모셨습니다. 지구 학회의 최고령 학회장님을 증인으로 요청합니다.

 증인 요청을 승낙합니다.

허리가 구부러진 70대 초반의 할아버지께서 한 손에 지팡이를 짚고 증인석으로 천천히 걸어 나오셨다.

 지층의 나이를 측정할 수 있다는 것이 사실입니까?

 네, 여러 가지 방법으로 지층의 나이를 알아낼 수 있습니다.

 지층의 연대를 알 수 있는 과학적인 방법이 있다고 하던데 어떤 방법인가요?

 지층의 연령에는 절대적인 연령과 상대적인 연령이 있습니다. 절대 연령은 어떤 지질학적 사건이나 암석의 생성 연대를 밝히는 것이고, 상대 연령은 지층의 선후 관계를 밝히는 것입니다. 절대 연령은 방사성 동위 원소의 반감기를 이용하여 측정합니다.

 방사성 동위 원소와 반감기는 무엇입니까?

 원자는 양성자, 중성자, 전자로 이루어져 있는데 양성자의 수가 같으면서 중성자의 수가 다르면 질량은 다르지만 화학적 성질은 같으며, 같은 원소에 속하여 동위 원소라고 합니다. 방사성 동위 원소는 자연 상태에서 방사선을 방출함으로써 질량이 감소하는 원소를 말하며, 반감기는 방사성 원소가 붕괴하여 처음 양의 절반이 되는 데 걸리는 시간을 의미합니다. 이러한 반감기는 온도, 압력에 관계없이 항상 일정한 값을 가지기 때문에 반감기를 통해 방사성 동위 원소가 남은 양을 측정하여 지질 연대를 알 수 있는 것입니다.

 상대적인 연령은 어떻게 알 수 있습니까?

 지금으로부터 약 38억 년 전부터 1만 년 전까지의 기간을 지질 시대라고 하는데 이 기간 동안 지각 변동이나 암질이 변화함에 따라 고생물도 급변하게 됐습니다. 이러한 당시의 환경을 지층과 화석, 암석을 통해 측정해 선캄브리아대, 고생대, 중생대, 신생대로 구분했습니다. 지질 시대는 대부분 선캄브리아대가 차지하며, 다음으로 고생대, 중생대, 신생대로 가면서 기간이 점차 짧아집니다. 각각의 지질 시대마다 생존했던 생물이나 기후가 달라지기 때문에 그 지질 시대에 살았던 고생물의 유해나 흔적이 암석에 기록되어 남은 화석을 통해 어느 시대의 생물인지를 알 수 있습니다. 이러한 화석을 표준 화석이라고 하며 이것을 통해 지층의 선후 관계를 알 수 있습니다.

 각 지질 시대의 생물의 종류와 특징은 어떻습니까?

 지질 시대는 크게 선캄브리아대, 고생대, 중생대, 신생대로
구분됩니다. 선캄브리아대는 모든 생물이 바다 속에서 살았
으며 아주 오래전인 만큼 지각 변동을 많이 받아 화석이 거의
발견되지 않습니다. 이때는 원시 단세포 생물인 박테리아와
하등 동물이 출현하였습니다. 고생대에는 생물들이 육지로
올라오기 시작했습니다. 삼엽충과 완족류가 번성하였고 물고
기의 조상이며 최초의 척추동물인 갑주어가 등장했습니다.
식물로는 양치식물이 번성하였는데 특히 고사리류가 번성하
여 오늘날의 석탄층이 되었습니다. 고생대 말기에는 파충류
와 겉씨식물이 출현하였습니다. 중생대는 파충류의 전성기로
공룡이 번성하였습니다. 또한 겉씨식물과 시조새와 암모나이
트가 번성했습니다. 신생대는 지질 시대 중 가장 기간이 짧고
화석이 풍부합니다. 이 시기는 포유류의 시대로 화폐석, 매머
드, 속씨식물 등이 번성했으며 인류의 조상이 출현했습니다.

 그러면 지층을 조사해서 표준 화석이 나온다면 그 지층이 언
제 생성되었는지 알 수 있겠네요.

 그렇습니다. 표준 화석을 통해서는 지층의 선후 관계를 알 수
있으며, 방사성 동위 원소를 측정하면 절대 연령을 측정할 수
있습니다. 서로 자기네 마을이 더 오래되었다고 주장하는데
지금 당장 지층을 파헤쳐 화석이 나오는 것을 보면 알 수 있

겠지요. 하하하!

 표준 화석을 통해서는 지층의 선후 관계가 결정되고 방사성 동위 원소를 이용하면 지층의 절대 연령을 측정할 수 있다는 것을 알았습니다. 두 마을의 이장은 더 이상 말다툼하지 마시고 먼저 화석을 발굴하는 것이 좋을 것 같군요. 이상으로 재판을 마치겠습니다.

재판이 끝난 후, 두 마을은 화석을 발굴하기 위해 노력했다. 그렇게 하루 종일 화석을 발굴하던 두 마을 사람들은 우연히 마주치게 되었고, 함께 저녁 식사를 하면서 어느 마을이 먼저 생겨난 게 뭐 그리 중요하냐며 서로 화해했다.

암모나이트

암모나이트는 연체동물 두족류 화석종의 하나로 고생대 실루리아기에서 중생대 백악기까지의 지층에서 화석으로 발견된다. 특히 중생대에 번성했던 암모나이트는 앵무조개와 비슷한 모양으로 작게는 지름 2cm에서 크게는 2m에 이르며 중생대층 연구에 의미 있는 표준 화석이다.

달은 언제부터 있었나요?

소행성이 태양의 힘에 붙잡혀 달이 됐다는 게 사실일까요?

"자네 수업은 이번에도 학생들이 꽉 찼지? 완전 인기 강사네, 부러워."

"인기 강사는 무슨, 자네 강의도 인기가 많지 많은가."

"겸손하기는, 난 이번에 벌써 한 과목이 폐강됐는걸. 이번 학기가 끝나면 이 대학에서 계속 강의할 수 있을지도 잘 모르겠네."

마왕 대학에 다니고 있는 잘나가 씨는 동료 강사 초조해 씨가 다음 학기부터 잘릴지도 모른다고 걱정하는 소리를 듣고 겉으로는 걱정해 줬지만, 속으로는 자신은 아무 문제도 없을 거라며 안심하고 있었다. 몇 년째 자신의 강의에는 학생들이 넘쳐 났고, 학교 측에서는 강의 시간을 더 늘려 달라고 요청할 정도였다. 잘나가 씨는 이런 식으로만 계속 나간다면 몇 년 안에 교수 자리에 오를지도 모른다는 자신감까지 들었다.

그러던 어느 날, 수강 과목을 확정하는 날이 왔고, 초조해 씨의 강의는 모두 폐강되고 말았다. 잘나가 씨는 울적해 보이는 초조해 씨를 위로해 주기 위해 함께 술을 마셨다.

"그래, 뭔가 잘된다 싶을 때부터 이상했어. 나같이 안 되는 놈은 뒤로 자빠져도 코가 깨진다니까."

"에이, 무슨 말이 그래? 우리 같은 강사 인생이 다 그런 거지. 학교가 여기뿐인가? 자네 같은 인재를 알아보지 못한 이 학교가 큰 실수한 거네. 그냥 다 잊고 훌훌 털어 버려."

"자네 일이 아니라고 말이 술술 잘도 나오는군. 그래, 얼굴 잘생겨, 실력 있어, 말도 잘해. 자네 같은 사람은 걱정도 없겠어."

"하하하! 이 사람도, 내가 한 인물 하긴 해. 그래도 나라고 뭐가 그렇게 다르겠어? 언제 잘릴지 모르는 건 다 똑같은걸."

"우리 오늘만큼은 이런 우울한 소리 집어치우고 아무 생각 없이 마시자고."

그렇게 두 사람은 시간이 가는 줄 모르고 술을 마시기 시작했고, 밤늦은 시간이 돼서야 헤어졌다. 잘나가 씨는 술이 거하게 취한 초조해 씨를 택시에 태워서 보낸 뒤 자신도 집을 향해서 걷기 시작했다.

그런데 걷다 보니 앞쪽으로 어떤 여자가 혼자 걸어가는 것이 보였다. 밤늦은 시간이라 골목길엔 그 여자와 잘나가 씨 단둘밖에 없었고, 걸음이 빠른 잘나가 씨의 구두 소리가 유난히 크게 들리고 있었다. 앞서 가던 여자는 안 그래도 밤늦은 시간인데, 누군가가 뒤에서 쫓아오는 구두 소리가 들리자 불안한 생각이 들었다.

'누구지? 계속 발걸음이 빨라지고 있잖아. 안 되겠다. 빨리 가야겠어.'

마음이 다급해진 여자는 서둘러 걷기 시작했다. 한편, 술을 많이 마신 잘나가 씨는 갑자기 화장실이 급해졌다.

'진짜 급한데, 어쩌지? 어디 노상 방뇨할 때 없나? 그래, 이왕 참은 거 조금만 더 참자. 고지가 얼마 남지 않았어.'

집에 거의 다다른 초조해 씨는 조금만 더 참기로 하고, 좀 더 빨리 걷기 시작했다. 그러자 잘나가 씨의 구두 소리가 또닥또닥 커지기 시작했고, 앞서 가던 여자는 모르는 남자가 자신을 쫓아오는 것 같아 불안해지기 시작했다. 여자는 더 빨리 걷기 시작했다.

'윽, 이럴 줄 알았어. 예쁘게 태어난 것도 죄라니까.'

여자는 될 수 있으면 티가 나지 않게 조심조심 걸음을 빨리했지만, 뒷사람의 걸음은 점점 더 빨라지는 것만 같았다. 그러던 중 경찰서를 지나게 됐고, 여자는 얼른 경찰서로 들어가서 도움을 청했다.

"경찰 아저씨, 저 사람이 계속 저를 따라와요. 제발 살려 주세요."

경찰은 여자의 말만 믿고 잘나가 씨를 연행해 경찰서로 끌고 왔고, 갑자기 봉변을 당한 잘나가 씨는 그저 황당할 뿐이었다.

"왜 이러세요?"

"왜 이래? 멀쩡하게 생긴 사람이 술이나 퍼마시고 여자 뒤꽁무니나 쫓아다녀?"

"아니에요, 전 그냥 제 갈 길을 가고 있었던 것 뿐이에요."

잘나가 씨는 술을 너무 많이 마셔서 발음도 엉망이었고, 정신을 차리지 못해 흐느적거리고 있었다.

"아주 정신을 못 차리는구먼, 바른대로 진술하면 풀어 줄 테니까 똑 바로 말해."

"아우, 진짜. 이거 놓으세요. 화장실, 화장실은 대체 어디에요?"

아까부터 화장실이 급했던 잘나가 씨는 화장실부터 찾았고, 이를 지켜본 경찰관들은 어이없이 웃기 시작했다.

"학생, 어떻게 된 상황인지 말해 보세요."

"제가 길을 가고 있는데, 이 사람이 막 뒤쫓아 오는 거예요. 불안한 마음에 걸음을 빨리했더니 저 사람도 갑자기 걸음을 빨리했고요. 그때 저를 뒤쫓아 온다는 확신이 들었고 경찰서가 보이기에 뛰어 들어온 거예요."

"잘 들었지요? 이래도 발뺌할래요?"

"아, 경찰 아저씨. 이래 봬도 저 대학 강사라고요. 그런 제가 그런 짓을 하겠습니까?"

"그래, 어디서 많이 봤다 했어. 당신, 마왕대 지구과학 강사 맞죠?"

"어, 학생도 마왕 대학 다녀?"

"네, 근데 강사면 아무 여자나 쫓아와도 되는 거예요? 학교 측에도 이 사실을 알릴 테니까 단단히 각오하시는 게 좋을 거예요."

잘나가 씨는 새벽이 다 돼서야 풀려날 수 있었고, 며칠 후엔 치안범으로 몰려 학교에서 잘리기까지 했다. 잘나가 씨는 학교에서 쫓겨났지만, 자신이 맡았던 강의는 여전히 누군가가 이어서 하고 있었고, 학교는 아무 일도 없다는 듯 잘만 돌아갔다. 하루아침에 갑작스럽게 일자리를 잃은 잘나가 씨는 갈 곳이 없었고, 의욕도 상실하고 말았다. 그렇게 며칠을 집에서 뒹굴자 지루해진 그는 자기 대신에 새로 온 강사가 강의를 얼마나 잘하는지 한번 보자는 심정으로 청강을 하러 갔다. 강의실은 여전히 학생들로 가득 차 있었고, 잘나가 씨는 맨 뒷자리로 가 앉았다.

"지구의 달 기원에 대한 여러 가지 설이 많지만, 나는 지구의 달은 태양 주위를 떠돌던 소행성이 태양의 인력에 의해 붙잡힌 거라고 생각해요."

강사는 달의 기원에 대한 새로운 학설을 주장했지만, 이 말은 들은 잘나가 씨는 말도 안 되는 소리라고 생각했다. 잘나가 씨는 갑자기 흥분해서 자신의 상황도 까맣게 잊고 자리에서 벌떡 일어섰다.

"저는 동의할 수 없는데요?"

잘나가 씨의 돌연한 행동에 강의실 안의 모든 시선이 그에게로 집중되었다.

"나이가 좀 있어 보이시는데…… 학생인가요?"

그 순간 강의실은 웃음바다가 됐지만, 잘나가 씨는 눈 하나 꿈쩍하지 않고 말했다.

"소행성이 태양의 인력에 붙잡혀 달이 됐다는 건 말도 안 되는 학설입니다."

"말이 안 된다니요? 이건 충분히 가능성이 있는 학설입니다."

"충분히 가능성이 있다고요? 과연 그럴까요? 좋아요, 지구법정에 가서 당신이 주장하는 그 학설이 염소 풀 뜯어 먹는 터무니없는 소리란 걸 꼭 밝혀내고 말겠어."

달의 생성 원인으로 가장 유력한 네 가지 설은,
지구와 달의 동시 탄생설과 태양계 밖에서 달이 포획되었다는 포획설,
지구의 빠른 회전으로 물질이 밖으로 방출되었다는 분리설,
외부 천체가 지구와 충돌해 생겨났다는 충돌설이 있습니다.

여기는 지구법정

달은 언제 어떻게 탄생했을까요?
지구법정에서 알아봅시다.

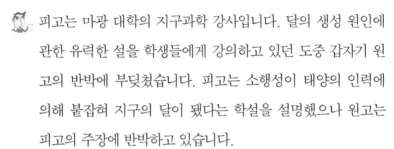

재판을 시작하겠습니다. 지구의 달이 생성된 원인에 대한 학설이 많이 나오고 있습니다. 피고 측의 주장이 타당한지 알아봅시다. 피고 측 변론하십시오.

피고는 마광 대학의 지구과학 강사입니다. 달의 생성 원인에 관한 유력한 설을 학생들에게 강의하고 있던 도중 갑자기 원고의 반박에 부딪쳤습니다. 피고는 소행성이 태양의 인력에 의해 붙잡혀 지구의 달이 됐다는 학설을 설명했으나 원고는 피고의 주장에 반박하고 있습니다.

피고 측은 태양의 인력에 의해 달이 붙잡혀 현재 지구의 달이 되었다는 겁니까?

그렇습니다. 이 학설은 충분히 가능성이 있습니다.

그렇다면 원고는 왜 피고의 학설이 불가능하다고 주장하는지 들어 보겠습니다. 원고 측 변론하십시오.

달이 생성된 원인은 아직까지 확실히 밝혀지지 않았습니다. 그렇지만 달의 생성에 관한 몇 가지 가능성 높은 학설이 제기되고 있습니다. 달의 생성 원인에 관한 설을 학계에서는 주로

네 가지로 보고 있지만, 피고 측의 주장은 이 네 가지 학설과 무관합니다.

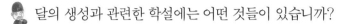

달의 생성과 관련한 학설에는 어떤 것들이 있습니까?

달의 생성과 관련한 네 가지 학설을 설명해 주실 분을 모셨습니다. 과학공화국 행성 탐사 학회의 서발견 학회장님을 증인으로 요청합니다.

증인 요청을 받아들이겠습니다.

짙은 눈썹을 가진 50대 초반의 남성이 머리에 왁스를 발라 뒤로 넘기고, 양손에 망원경과 현미경을 든 채 증인석으로 나왔다.

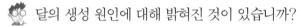

달의 생성 원인에 대해 밝혀진 것이 있습니까?

현재까지 달의 생성 원인에 대해 확실하게 밝혀진 바는 없습니다. 다만 여러 가지가 학설이 나오고 있는데 그중 네 가지 유력한 설이 있습니다.

어떤 학설들이 학계의 지지를 받고 있습니까?

가장 먼저 제기된 달 기원 이론은 동시 탄생설입니다. 지구와 함께 달이 탄생했다는 이론으로서 원시 지구에는 토성 같은 고리가 있었는데, 기체와 작은 운석들로 이루어져 있던 고리들이 하나의 큰 덩어리로 응집하여 달이 태어났다는 설입니다. 하지만 이 이론은 달에 철 성분이 부족한 이유를 해명하지 못하는 등 많은 허점이 있습니다. 다음으로 제기된 포획설은 태양계 밖에서 형성된 천체가 지구 중력에 의해 붙잡혀 지금까지 돌고 있다고 보는 것입니다. 포획설에 의하면 지구와 달의 화학 성분이 다르더라도 크게 문제가 되지 않으며 달의 철의 결핍 문제도 쉽게 해결됩니다. 포획설을 지지하는 학자들은 달이 지구 근처에서 생겨났다면, 질량이 작아서 기체 분자가 날아가기 쉽기 때문에 결과적으로 달의 비중이 지구보다커야 하지만 실제로는 그 반대라는 사실을 증거로 들고 있습니다. 그러나 이 이론도 월석의 구성 성분이 지구의 특정 원소대 동위 원소의 비율과 같다는 것이 밝혀지면서, 설득력을 잃게 되었습니다. 다음으로 나온 분리설은 지구의 빠른 회전으로 물질이 밖으로 방출되어 달이 형성되었다고 보는 학설로서지구 탄생 초기에 지금보다 빠르게 자전했으며, 지구가 수축함에 따라 자전 속도가 점점 빨라져 적도 부분이 떨어져 나가달이 생겨났다는 설입니다. 이 이론에 따르면 지구에서 떨어져 나간 자리가 태평양이 되었다고 합니다. 하지만 이 역시 지구와 달 사이의 총 각운동량과 에너지 관계를 규명하는 데 실패했습니다. 최근 각광받고 있는 이론인 충돌설은 45억년 전어떤 외부 천체가 지구와 충돌한 결과, 그 파편으로 달이 만들어졌다는 이론입니다. 이 이론에 따르면 지구가 형성되고 얼

마 지나지 않아 화성 크기의 천체가 우연히 작은 각도로 지구와 충돌했는데, 충돌 후 충돌체는 지구로 녹아들고, 일부는 기체나 먼지가 되어 지구 주변으로 흩어졌다고 합니다. 이때 지구상의 물질이 어느 정도 섞여서 우주 공간으로 흩어져 날아갔는데, 그 파편들이 모여 달이 되었다는 것입니다.

 최근에 각광받고 있는 충돌설은 어느 정도 지지를 받고 있습니까?

 충돌 당시 이미 지구의 핵에 철 성분이 존재했고, 지구 맨틀 부분에는 철 성분이 많이 없었다면, 달의 철 성분 결핍은 충돌로 인해 지구 맨틀 부분이 달의 구성 성분이 됐다는 것으로 설명 가능합니다. 또한 운석이나 화성, 그리고 지구의 산소 동위 원소 비율은 각기 다른 데 비해 달의 산소 동위 원소 비율은 지구와 같다는 사실은 이 이론에 설득력을 더하고 있습니다. 특히 미국의 유인 탐사선과 구소련의 무인 탐사선이 채집한 월석 표본의 분석 결과, 월석에는 휘발성 물질이 거의 없고, 코발트, 니켈, 철 등 무거운 원소가 지구의 1/3 정도로 적으며, 알루미늄이나 칼슘 같은 가벼운 원소는 지구의 3배 정도가 많다고 분석되었습니다. 이러한 월석의 분석 결과 역시 충돌설을 뒷받침해 주는 증거입니다.

 그렇다면 달의 생성 이론으로 충돌설이 가장 유력합니까?

 충돌설마저도 달의 기원을 완벽히 설명하기에는 아직 부족한 점이 많습니다. 이 이론은 충돌 후 생긴 원반에서 달이 생성되는 과정이 아직 명확히 규명되지 않아 현재까지도 많은 연구가 진행되고 있습니다. 하지만 달을 구성하는 물질이나 그 내부 구조에 대한 자료가 부족해 연구에 어려움을 겪고 있습니다.

 달의 기원과 관련한 네 가지 유력한 학설을 들어 보았는데요, 아직 확실하게 밝혀진 바가 없다니 안타깝군요. 하지만 피고 측 주장처럼 태양의 인력에 의해 달이 지구에 포획됐다는 설은 달의 생성 원인으로 단정할 수 없습니다.

달의 생성 원인이 하루빨리 밝혀졌으면 좋겠네요. 피고는 가정적인 학설을 마치 확정된 사실인 양 언급하는 것을 삼가십시오. 이상으로 재판을 마치겠습니다.

재판이 끝난 후, 강사의 강의에 반박했던 사람이 잘나가 강사였다는 사실을 알게 된 학생들은 유능한 강사를 사소한 개인사로 해고하는 것은 정당하지 않다며 복직시켜 줄 것을 학교에 건의했다. 얼마 뒤, 복직된 잘나가 강사는 즐거운 마음으로 다시 학교 강의를 나갔고, 다음 학기부터 또다시 인기 강사로 유명세를 탔다.

 달

달은 지구의 위성으로 햇빛을 반사하여 밤에 밝은 빛을 낸다. 표면에 많은 분화구가 있으며 대기는 없다. 공전 주기는 27.32일, 반지름은 1,738km이다.

지구는 몇 살이죠?

우라늄 동위 원소를 이용해 지구의 실제 나이를 측정할 수 있을까요?

'따르릉~.'

"여보세요?"

"네, 새우 제과입니다. 이번에 저희 회사 50주년 기념행사에 응모하신 가뚝뚝 씨 맞으신가요?"

"네, 맞는데요?"

"이번에 2등에 당첨되셔서 MP3를 받게 되셨습니다."

"그래요?"

가뚝뚝 씨는 3년째 직장을 얻지 못한 실업자였다. 그는 도저히 직업이 구해지지 않자 일자리 찾는 걸 포기하고, 이벤트란 이벤트는 물론 행사란 행사에 모조리 응모해 오고 있었다. 그는 이벤트 응모 준비로 온종일을 보냈고, 그만큼 그에게 돌아오는 것도 많았다. 그래서 어느 날부턴가 이벤트 당첨이 그에게 대수롭지 않게 여겨졌다.

"엄마, 나 MP3 당첨됐대."

"뭐? MP3? 아무짝에도 쓸모없는 MP3나 당첨되고. 그거 어디다가 그냥 팔아 버려."

"팔기는, 내가 가져 다니면서 들을 거야."

"그건 그렇고, 너 또 어디 나가냐?"

"아, 이번에 팝시 회사에서 이벤트 하거든. 병뚜껑 종류별로 10개 모아서 보내야 돼."

"그래? 그건 상품이 뭔데?"

"1등은 냉장고, 2등은 세탁기, 3등은 침구 세트."

"이번에는 상품이 맘에 드는데? 잘 다녀와."

팝시 회사에서 이벤트를 한다는 소식을 접한 가똑똑 씨는 병뚜껑을 모으기 위해 공원으로 향했다. 그리고 공원에 있는 쓰레기통을 뒤지기 시작했다.

"신제품이라 그런지 아직 많이 없네?"

공원을 지나다니는 사람은 그런 가똑똑 씨를 이상한 눈으로 쳐다봤지만, 가똑똑 씨는 이에 아랑곳하지 않고 자기 할 일에 몰두했다. 그렇게 한참 쓰레기통을 뒤진 가똑똑 씨는 병뚜껑을 7개 모으는데 성공했지만, 3개는 도무지 발견할 수가 없었다. 가똑똑 씨는 너무 지친 나머지 벤치에 앉아서 잠시 휴식을 취하고 있었다. 그러다가 또 금세 지루해진 그는 장기를 두고 있던 할아버지들께 갔다.

"한 수만 물러 주게."

"그런 게 어디 있어? 억지 부리지 말고 그냥 해."

"이런 인정머리 없는 고약한 할아범 같으니라고."

"할아버지, 이걸 이렇게 하시면 되잖아요."

"옳지! 내가 왜 진즉에 이걸 몰랐지? 젊은 양반이 똑똑하구려. 하하하!"

"이 사람이 왜 남의 일에 참견하고 난리야, 난리는? 저리로 썩 꺼져."

남의 일에 참견하기 좋아하고 아는 척하기 좋아하는 가똑똑 씨는 이번에도 참지 못하고 장기판에 끼어들었고, 결국에는 장기판을 싸움판으로 만들어 버렸다.

가똑똑 씨는 그렇게 하루 일정을 마치고 돌아와 엄마가 저녁 식사 준비를 하는 동안 텔레비전을 보고 있었다.

"〈퀴즈! 과학이 좋다!〉 오늘이 첫 방송인데요, 어떤 방식으로 게임이 진행되나요?"

"네, 두 사람이 게임을 해서 이긴 사람에게 1,000만 원의 상금이 주어집니다. 이긴 사람에게는 다음 회에도 출전할 수 있는 기회가 주어지고요."

"그럼, 3번 이기면 3,000만 원, 4번 이기면 4,000만 원, 5번 이기면 5,000만 원을 받게 되는 건가요?"

"그렇습니다, 승자에게는 무한한 도전 기회가 주어지는 거지요."

"그럼 오늘의 도전자 두 분을 만나 볼까요?"

'띠리띠리……'

음악 소리와 함께 연기가 뿜어져 나오자, 할아버지와 대학생이 무대 위로 나왔다.

"네, 두 분 소개 부탁드립니다."

"안녕하세요, 저는 공화 대학 3학년 학생입니다."

"안녕하세요? 저는 공화동에 사는 김장춘입니다."

"네, 그럼 두 분, 문제 나갑니다. 잘 듣고 풀어 주세요."

"만유인력의 법칙을 발견한 사람은?"

텔레비전을 보고 있던 가똑똑 씨는 '뉴턴'이라고 외쳤다. 정답은 뉴턴이었다.

"네, 다음 문제 나갑니다. 상대성 이론을 주장한 사람은 누구일까요?"

가똑똑 씨는 마치 자기가 퀴즈 대회에 나간 양 큰 소리로 아인슈타인이라고 외쳤다. 역시 정답은 아인슈타인이었다. 가똑똑 씨는 그렇게 그 프로그램이 끝날 때까지 모든 정답을 맞혔다.

"똑똑이 네가 저 대학생보다 나은데? 너도 저기 한번 나가 봐."

"그러게요? 이참에 나도 한번 나가 볼까요?"

모든 문제의 답을 맞히고 자신감이 붙은 가똑똑 씨는 프로그램에 참가 신청서를 냈고, 드디어 녹화 날이 되었다.

"네, 두 분 소개 부탁드립니다."

"안녕하세요? 저는 행운동에 사는 가똑똑입니다."

"안녕하세요? 저는 세븐 중학교에 다니는 일등남입니다."

"네, 대학생과 중학생의 대결이라…… 흥미진진한데요."

사회자는 가똑똑 씨를 대학생으로 착각했고, 민망해진 가똑똑 씨는 자신은 학생이 아니라 일반인이라며 발끈했다.

'저 조그만 게 뭘 알겠어? 1,000만 원은 내 거나 다름없다고.'

가똑똑 씨는 상대가 중학생이어서 얕잡아 보고 있었는데 시간이 갈수록 점수가 막상막하가 되자 식은땀이 흐르기 시작했다. 그리고는 드디어 마지막 승자를 가리는 문제가 출제됐다.

"네, 이번 문제에 따라서 승자가 결정되는데요. 잘 들어 주세요. 우리들에게 나이가 있듯이, 우리가 살고 있는 지구에도 나이가 있습니다. 그럼 여기서 문제, 지구의 나이는 몇 살일까요?"

그 순간 두 사람이 거의 동시에 부저를 눌렀는데, 조금 더 빨리 누른 일등남에게 기회가 돌아갔다.

"55억 살이오."

"네, 55억 살이라고 답했는데요…… 네, 정답입니다."

가똑똑 씨는 지구의 나이가 55억 살보다 더 어리다고 생각했기 때문에 정답을 인정할 수 없었고, 이의를 제기했다.

"지구의 나이가 55억 살이라고요? 55억 살보다는 더 어린 걸로 알고 있는데……."

"가똑똑 씨, 이렇게 억지 부리시면 안 돼죠. 지구의 나이는 55억 살이 맞아요."

"그럴 리가 없어요. 신설 방송국이라 준비가 부실한 모양인데, 지구법정에 고소해서 누가 옳은지 따져 보겠어요!"

우라늄 동위 원소의 반감기를 이용하면, 방사성 원소가 절반으로 줄어들 때까지 걸리는 시간을 측정해 지구의 나이를 비교적 정확히 계산할 수 있습니다.

여기는 지구법정

지구의 나이는 몇 살일까요?
지구법정에서 알아봅시다.

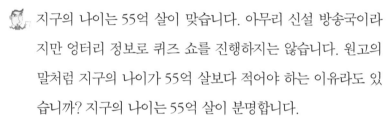 재판을 시작하겠습니다. 지구의 나이에 관한 의뢰가 들어왔군요. 지구의 나이가 얼마나 되는지 피고 측부터 변론하십시오.

지구의 나이는 55억 살이 맞습니다. 아무리 신설 방송국이라지만 엉터리 정보로 퀴즈 쇼를 진행하지는 않습니다. 원고의 말처럼 지구의 나이가 55억 살보다 적어야 하는 이유라도 있습니까? 지구의 나이는 55억 살이 분명합니다.

지구의 나이가 55억 살이라는 증거는 무엇입니까?

책에 그렇게 나와 있습니다. 55억 년 전으로 돌아갈 수도 없는데 저더러 어떻게 증명하라는 말입니까? 그러면 지구의 나이가 55억 살보다 적다는 증거는 있습니까?

글쎄요…… 지구의 나이가 55억 살보다 적다는 증거가 있다면 피고 측의 변론은 틀린 게 되겠죠? 원고 측의 변론을 들어 보겠습니다. 지구의 나이를 알 수 있는 방법이 있습니까?

과학적인 방법으로 지구의 나이를 알 수 있습니다.

지구의 나이는 몇 살입니까? 그리고 지구의 나이를 어떻게 알 수 있지요?

지구의 나이를 밝혀 주실 증인을 모셨습니다. 지구 탄생 연구
단의 조사단 박사님을 증인으로 요청합니다.

증인 요청을 승인합니다.

커다란 드릴을 꿍꿍거리며 어깨에 짊어지고 나온
50대 후반의 남성이 땀을 뻘뻘 흘리며 증인석에 앉
았다.

지구의 나이는 몇 살입니까?

남아프리카, 남극 대륙 및 그 밖의 지역에서 보고되고 있는
세계에서 가장 오래된 암석의 연대는 약 40억 년입니다. 지
구 생성 당시의 물질은 암석으로 지표에 남아 있지 않아서 지
구의 탄생사를 추정하는 일은 쉬운 일이 아닙니다. 그런데 지
구는 태양계의 일원으로서 태양 및 다른 행성과 밀접한 관계
를 맺으며 탄생했으리라 짐작되므로 태양계의 탄생과 지구의
탄생을 동시대로 볼 수 있습니다. 태양계의 일원으로 간주되
는 운석에서 매우 적기는 하나 우라늄의 상이한 동위 원소의
비율을 조사할 수 있었습니다. 이로 인해 그 생성이 46억 년
보다 오래되지 않았다는 것을 알게 되었지요. 이러한 사실로
미루어 태양계나 지구는 46억 년 전쯤 생겨났던 것으로 짐작
됩니다.

🤓 우라늄 동위 원소란 무엇입니까? 이것을 통해 지구의 나이를
알아낼 수 있습니까?

🧔 우라늄을 비롯한 방사성 물질을 사용해서 지구의 절대적인
연령을 측정할 수 있습니다. 방사성 원소는 일정한 속도로 소
멸되어 맨 처음 양이 절반이 될 때까지 걸리는 시간을 '반감
기'라고 합니다. 이 방사성 원소가 얼마나 줄어들었는지 조사
하면 지구의 나이를 어느 정도 계산할 수 있습니다.

🤓 방사성 원소의 감소량으로 지구의 나이를 측정한다니 정말
신기합니다.

🧔 방사성 동위 원소는 온도나 습도, 압력 등에 영향을 받지 않
고 일정한 비율로 줄어듭니다. 여기서 줄어든다는 말은 전문
용어로 '붕괴'라고 하며 우라늄(U238)은 시간이 지남에 따라
여러 원소의 단계를 거쳐 안정된 납(Pb206)으로 붕괴됩니다.
우라늄의 경우는 반감기가 45억 년인데 이것을 이용해 화성
암 등의 우라늄 양과 납의 양을 측정해 지구의 나이를 계산할
수 있습니다. 우라늄의 반감기는 45억 년이므로 우라늄 : 납
의 비율이 1:1인 월석의 나이는 45억 년이라고 쉽게 추측할
수 있습니다. 그리고 실제로 지구에서 우라늄 : 납의 비율이
1:1인 월석이 발견되었습니다. 따라서 지구의 나이를 45억
년이라고 볼 수 있습니다. 물론 여기서 45억 년은 하나의 가
능성이지 정답은 아닙니다. 왜냐하면 이 동위 원소 방법을 이

용한 지구 나이 측정법에는 여러 가지 극단적인 가정이 내포
되어 있기 때문입니다.

지구의 나이를 측정하는 방법으로 동위 원소 반감기를 활용
하는 것도 정확하지 않다는 말씀이신가요?

지구의 나이를 구하는 방법으로 동위 원소 반감기를 사용하
는 것을 확신할 수 없는 몇 가지 이유가 있습니다. 우라늄이
붕괴 과정을 거쳐 납으로 변할 때 반드시 헬륨이 나옵니다.
헬륨은 다른 원소와 결합하지 않고 가볍기 때문에 공기 중에
골고루 분포되어 있습니다. 만일 지구의 나이가 45억 년이라
면 헬륨은 약 800만 개가 있어야 하지만, 실제 지구상에 남아
있는 헬륨의 양은 800만 개와는 비교할 수 없을 정도로 훨씬
낮은 수치입니다. 어떤 사람은 헬륨이 너무 가벼워 지구 밖으
로 날아간 것이라고 주장하기도 합니다. 지구의 나이가 45억
년보다 적을 것이라는 다른 몇몇의 증거들이 더 있지만, 어쨌
든 초기 조건에서 우라늄이 100% 존재했을 경우를 가정하
면, 반감기에 의해 약 45억 년이 흘렀다고 볼 수 있으므로 지
구의 나이는 최대 45억 년이 되는 것입니다.

방사성 동위 원소가 지구 생성 초기에 100% 있었다고 가정
했을 때 지구의 나이는 최대 45억 년이기 때문에 퀴즈 쇼에서
지구의 나이를 55억 년이라고 한 것은 잘못된 것이군요. 지구
의 나이는 일단 45억 년이라고 정정하는 게 좋겠습니다.

퀴즈 쇼에서 지구의 나이를 55억 년이라고 말한 것은 오류로 밝혀졌습니다. 지금으로서는 방사성 동위 원소의 반감기를 이용해 측정한 지구의 나이, 45억 년이 더 설득력이 높아 보입니다. 다음 방송에서 시청자들에게 사과하고, 다시 우승자를 가리십시오. 이상으로 재판을 마치겠습니다.

재판이 끝난 후, 방송사에서는 문제의 답에 오류가 있었던 것을 밝히고 시청자들에게 사과했다. 그리고 그다음 주 다시 결승전에서 붙게 된 두 사람은 피 튀기는 경쟁을 했고 마지막 문제를 맞힌 가똑똑 씨가 우승을 거머쥐었다. 가똑똑 씨는 우승 상금으로 작은 가게 하나를 창업했고, 장사가 잘돼서 즐거운 하루하루를 보내고 있다.

 우라늄

우라늄은 천연으로 존재하는 가장 무거운 방사성 원소로 은백색을 띠며, 14종의 동위 원소가 있다. 질량수는 235, 원자 기호는 U, 원자 번호는 92이며, 원자량은 238.0290이다. 또한 우라늄은 중성자를 흡수해 핵분열을 일으킨다. 1789년 독일의 화학자 클라프로트가 우라늄의 화합물을 처음 발견했으며, 1842년 프랑스의 펠리고가 우라늄 원소를 처음 분리해 냈다. 그리고 프랑스의 베크렐은 우라늄 화합물이 방사능을 가지고 있다는 것을 처음으로 발견했다.

과학성적 끌어올리기

찰스 라이엘(Charles Lyell, 1797~1875)

라이엘은 대학 때 법학을 전공하여 변호사가 됐지만 지질학 강의를 듣고 나서부터 그것에 이끌려 지질학 연구에 몰두했다. 그의 지질학에 대한 호기심은 매우 강했으며, 특히 화산 활동에 많은 흥미를 갖고 집중적으로 이 분야를 연구해 지질학자로서 그의 명성이 더욱 높아졌다.

그는 자신의 전 재산을 유럽과 미국의 특정 지형을 직접 탐사하는 데 쏟아 부으면서 연구에 몰두했고, 이론을 검증하는 가운데 1830년《지질학 원리 Principles of Geology》라는 저서를 출판하게 됐다. 라이엘은 이 저서에서 오늘날 지질의 연대기를 측정하는 데 필요한 많은 정보와 원리를 제공하였다. 그중 후대 지질학 분야에 가장 큰 영향력을 끼친 내용은 '지표는 지질 시대의 오랜 기간에 걸쳐 물리적 · 화학적 · 생물학적 과정을 통해 이루어졌다' 라는 내용이었다.

라이엘의 이러한 연구는 지표의 역사에 관심을 갖는 학자들에게 커다란 힘이 되었다. 왜냐하면 지표의 역사는 단기간, 즉 1~2억 년으로는 도저히 설명될 수 없었기 때문이다.

제임스 허턴(James Hutton, 1726~1797)

허턴은 스코틀랜드 출생의 지질학자이자 화학자이다. 그는 자연 과정에 의해 지각의 특성을 설명하는 '동일 과정설'을 주장한 것으로 유명해졌다. 영국과 파리에서 의학을 전공한 그는 의사 자격을 취득했으나, 이후에도 과학 연구에 몰두하였다. 1785년 에든버러 왕립협회에 동일 과정설의 원리를 설명한 논문을 제출했는데, 이 논문에서 그는 지구의 지질학적 현상은 관찰 가능한 일련의 과정에 의해 설명될 수 있으며, 현재 지구상에서 진행되는 이러한 현상은 엄청나게 긴 시간에 걸쳐 기본적으로 동일하게 진행되어 왔다는 입장을 개진했다. 이 논문에 의해 지질학은 동일 과정설이라는 원리를 기반으로 한 과학적 학문으로 정립될 수 있었다.

그의 이론은 당시의 일반적인 이론에 비추었을 때 획기적인 것이었다. 18세기 말 무렵에는 암석·지층·화석에 대한 광범위한 지식이 축적되어 왔으나 이것들이 하나의 일반적인 원리로 정립된 적은 없었다.

사실 이러한 지질학상의 과제는 당시 일반화되어 있던 관념, 즉 지구는 성서에 나오는 것처럼 약 6,000년 전에 창조되었다는 신념에 의해 해결되지 못한 채였다. 일부 지질학자들은 지구의 퇴적암이 〈창세기〉에 나오는 대홍수 때 엄청난 양의 광물질이 침전되면서 형성된 것이라고 생각했다. 또한 침식 과정은 오래전부터 알려져 왔으나, 침식에 의한 파괴와 상반되는 과정인 지각의 생성에 관한 설명은 전혀 없었다.

지각의 화산 활동과 열에 의한 과정으로 암석의 생성을 설명했던 당시의 이론은 화성암의 존재가 주목받지 못했던 것처럼 거의 인정받지 못했다. 반면에 그는 대부분의 암석이 퇴적 현상에 의해 생성되었다고 주장했다. 즉 암석 조각들이 지표에서 바다로 씻겨나간 뒤 바닥에 퇴적되어 암석으로 굳어졌다는 것이다.

그런데 그는 암석 조각이 단순히 물에 씻겨 내려가 침전되면서 암석으로 응결된 것이 아니라, 여기에 압력과 열이 더욱 중요한 역할을 했다고 주장했다. 또한 침식에 의해 지표가 깎여도, 지구 내부의 열작용으로 새로운 암석이 분출되는 화산 활동을 비롯한 여러 현상에 의해 지표가 새롭게 생성됨으로써 상쇄된다고 주장했다. 이렇게 새로 형성된 산맥과 여타의 지형들은 다시 침식 작용에 의해 바다 속의 지층으로 침전되나, 지하의 열작용에 의해 지각이 융기함으로써 새로운 지표를 형성하게 된다.

그는 이러한 총체적인 지질학적 과정에 의해서만 현재 전 세계의 지형을 완벽하게 설명할 수 있으므로 《성경》에 기반한 설명은 이러한 맥락에서 맞지 않는다고 주장했다. 그는 지각의 침식·침전·퇴적·융기 등의 현상이 지구 역사상 여러 차례 되풀이하여 발생했다고 결론 짓고, 이러한 순환기마다 엄청나게 긴 시간이 소요됐기 때문에 지구는 상상할 수 없을 만큼 오래전에 생성되었다고 주장했던 것이다.

지구과학과 친해지세요

과학공화국 법정 시리즈가 10부작으로 확대되면서 어떤 내용을 담을까 많이 고민했습니다. 그리고 많은 초·중등학생을 비롯한 학부형들을 만나면서 서서히 시리즈의 바람직한 방향을 정해 갈 수 있었습니다.

첫 권에서는 과학과 관련한 생활 속 사건에 초점을 맞추었습니다. 하지만 권수가 늘어나면서 생활 속의 사건을 초·중등학교의 교과 내용과 연계해 실질적으로 아이들의 학습에 도움을 주는 것이 좋겠다는 생각이 들었습니다. 그래서 먼저 시리즈 전체의 주제를 먼저 선정하고, 각 주제에 걸맞은 사건들을 만들어 냈습니다. 그런 다음 각 권의 주제에 맞는 사건들을 집필할 때 어떻게 하면 교육적인 내용이 자연스럽게 녹아들 수 있는지 고민하면서 작업을 진행했습니다.

지구과학의 범주에 포함되는 주제로 지구법정에서는 지구, 태양계, 우주, 바다, 날씨, 화석과 공룡 등을 선정했습니다. 이러한 주제를 바탕으로 사건을 꾸미고 과학적인 원리를 담아, 아이들이 교과서보다 더 재미있고 알차게 지구과학을 배울 수 있게끔 하였습니다.

부족한 실력으로 이렇게 장편 시리즈를 이끌어 오면서 독자들 못지않게 저도 많은 것을 배웠습니다. 이 시리즈의 애초 기획 의도가 초등학생부터 중학생까지 누구나 재미있고 유익하게 읽을 수 있는 지구과학 도서를 만드는 것이었던 만큼 그들의 눈높이에 맞추기 위한 고민도 적지 않았습니다. 모쪼록 이제는 독자들의 평가를 겸허하게 기다릴 차례인 것 같습니다.

한 가지 소원이 있다면, 초등학생과 중학생들이 이 시리즈를 통해 지구과학의 원리와 개념을 배우는 데 도움이 되어 미래에 훌륭한 지구과학자가 많이 배출되는 것입니다. 그런 바람이 제가 지쳤을 때마다 항상 큰 힘이 되었지요.